楽しいラブラドール・リトリーバーライフ

すべてがわかる完全犬種マニュアル

CONTENTS

CONTENTS

■撮影・取材協力
エー・ディー・サマーズ
■イラスト
宝代いづみ　植松さおり
■デザイン
椿事務所　阿部祥子

をラブと送りたい？

自分とラブとの理想の生活が丸わかり！

START

1 小さなことにくよくよしない性格だと思う（YES→2／NO→5）

2 どちらかというとリーダーシップをとるほうである（YES→3／NO→6）

3 アウトドアが好き（YES→7／NO→4）

4 男（女）は中身といいたいとこだけど本音は外見重視（YES→7／NO→8）

5 人にふりまわされることが多い（YES→6／NO→9）

6 小さな子供がいる（YES→10／NO→11）

7 イヌといったらやっぱり日本犬！と思っている（YES→6／NO→8）

8 “まめだね”とよく人に言われる（YES→11／NO→12）

9 大型犬より小型犬が好き（NO→10）

10 けっこう神経質だ

11 耳がたっているイヌよりたれているイヌが好き（YES→10）

12 実はさみしがりや

どんな生活

これをやれば

13
1人暮らしを
している

- YES → ラブとのラブラブ二人暮らしを夢見るタイプ
- NO → 14
- （右から）YES → 13

14
実はあまり
イヌが好きじゃ
なかった

- YES → うちのコだけのオンリーワンタイプ
- NO → どんなワンコもみんな大好きタイプ
- （右から）YES → 14

15
イヌなら
なんでも
好きっ！

- YES → どんなワンコもみんな大好きタイプ
- NO → 16
- （右から）NO → 15
- （右から）NO → 15
- （右から）YES → 15

16
スポーツが得意
または好き

- YES → ラブとのアクティブライフを目指すタイプ
- NO → ラブとのアクティブライフを目指すタイプ
- （右から）NO → 16

ラブとのラブラブ
二人暮らしを
夢見るタイプ

うちのコだけの
オンリーワン
タイプ

どんなワンコも
みんな大好き
タイプ

ラブとの
アクティブライフを
目指すタイプ

おもちゃと、
おいしいおやつを
いっぱい用意
しといてね

1
ラブの魅力をさぐる

盲導犬、警察犬、災害救助犬など、
さまざまな分野で活躍するラブたち。
なぜ、ラブなのかといえば、
彼らが一番好きなのは、人間だから。
人間と楽しく暮らすことが大好きな犬種なのです。

世界でもっとも愛されているサポート・ドッグ

盲導犬から家庭犬まで、いつも私たちを見守ってくれる仲間。

どうして、私たちを守ってくれるのか

ラブラドール・リトリーバーといえば、一般の人たちがまず頭に思い浮かべるのは、盲導犬として活躍している姿でしょう。人々のために一生懸命に働くその姿は、誰の胸にも感動を呼びます。

ラブは、もともと水猟犬として、猟師たちを助けていた犬たちでした。そしてその能力がイギリスの貴族たちの目に止まり、飼い主の猟の手伝いをするようになります。その過程において、主人に従う訓練能力を身につけていきました。イギリスの貴族たちに愛された猟犬はラブだけではありません。ポインターやセッターなどさまざまな犬種がいますが、その中でとくにラブがコンパニオン・ドッグとして愛されるようになったのは、生来持っている「人が大好き‼」というフレンドリーな性格が大きく影響しています。

現在、盲導犬といえばそのほとんどがラブですが、盲導犬のスタートとなったのはジャーマン・シェパード・ドッグでした。シェパード犬は訓練能力がとても高い犬種ですので、盲導犬の訓練もとてもしやすかったのです。しかしその訓練能力にくわえて、ラブには親しさがありました。盲人を温かく包む優しさがあったのです。この性格は孤独になりがちな盲人たちにとって大きな魅力となったのです。

さらに社会の中で働く盲導犬のようなソーシャル・ドッグたちにとって、周囲の人々に与える印象も大切です。その点、ラブは人混みの中を歩いていても、威圧感を与えることがあまりありません。これがシェパード犬からラブに移って行った大きな理由のひとつです。そして、これこそがラブの魅力なのです。

この魅力はもちろん家庭犬として飼う場合も、多いに発揮されます。家族の誰にでも優しく、しかもその頭の良さで、飼い主の理想とする生活を一緒にしてくれます。スポーツをしたり、アウトドア・ライフを楽しんだり、時には頼りになる用心棒にもなってくれます。どんな生活のシーンにも、ぴったりと溶け込んでくれる、最高のパートナーといえるでしょう。

イギリス、アメリカではここ数年、登録犬数トップのキング・オブ・ドッグズ

ジャパン・ケネル・クラブの登録犬数は下表にあるように、若干ですが、年々下降傾向にあります。とはいうものの数年間にわたって、中型犬種としては唯一、ベスト５に入る人気犬種です。日本の場合、上位を占める人気犬種はほとんどの時代で小型犬なのですが、イギリス、アメリカではかなり状況が異ります。ラブの原産国であるイギリスも、犬大国アメリカもここ数年、トップを飾っているのはラブです。とくにすごい登録犬数を示しているのはアメリカで、ピークとなった2002年は15万頭を越える登録がありました、その後も毎年14万頭を越える登録があります。日本でのトップ人気はダックスです。アメリカでも人気犬種ですが、そのダックスでさえ アメリカでは９万頭の登録ですので、アメリカにおけるラブ人気の凄さはかなりのものといえます。

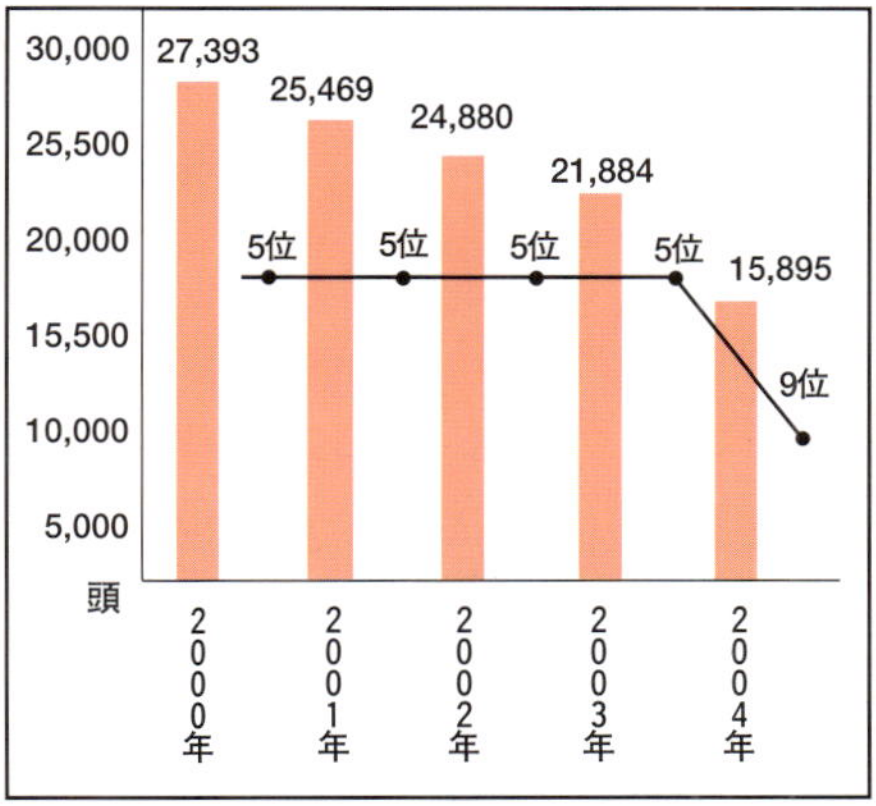

貴族たちに愛された、能力の高い犬たち

水泳の能力をかわれて、ニューファンドランドからイギリスへ。

ラブラドール半島の方からやってきた小さな黒い犬

犬種図鑑やスタンダード・ブックなどを見てみると、ラブの原産地はイギリスになっています。カナダの東端にその名もラブラドール半島という場所がありますので、ラブの原産地はこの半島かと思ってしまいますが、どうして、イギリスなんだろう……という疑問をもたれる方も多いでしょう。

それはラブがどこからやってきて、どこで人気が出た犬種なのかに大きく関係します。

ラブラドルール・リトリーバーという犬種がはっきりとその名を歴史に残したのは、1904年のことで、この年にはじめてイギリスのケネル・クラブによって犬種として認められました。それではその前の歴史はどこにあったのかといえば、実ははっきりとした事実は残されていません。ジョージ・スコット卿の著書『ラブラドール』には、『ラブラドール半島からは黒い犬は1匹も出ていない』というくだりがあります。その一方でカナダのニューファンドランド島出身のW・E・コーマックが『小型の黒いウォーター・ドッグがニューファンドランド島にいた』と、その著作の中で記しています。

確かに、ニューファンドランド島の歴史を見てみると1700年代からこの島には、大型の犬（現在のニューファンドランド）と、小型の犬

ニューファンドランドはラブの兄妹犬になる。ニューファンもラブも水泳が得意なのは、その昔、漁師のお手伝いをしていたから。

（レッサー・ニューファンドランド／後に絶滅）がいたと記されています。1800年代にイギリスとニューファンドランド島は頻繁に交易が行われており、その船に乗ってやってきたレッサー・ニューファンドランドが起源であるというのが、現在のほぼ定説となっています。

レッサー・ニューファンの水泳能力は、当時、水猟がブームとなってたいた貴族たちの目にとまり、この貴族たちの手によって、立派な水猟犬として受け継がれていったのです。

イギリスから見るとニューファンドランド島は「ラブラドール半島の方」になります。つまりラブラドールの方からやってきた犬だったのです。

初期のラブを持ち込んだ貴族のひとり、ホランド・ハイベルト氏とその愛犬たち（1900年初頭）。現在のラブとほとんどスタイルは変わらない。ハイベルト氏はその後、Munden犬舎を作り、現在のラブの基礎を築いている。

1930年代の有名犬舎LIDDLY'Sの犬たち。この頃からイエローのラブが登場する。オーナーのサウンドラー氏は1947年から1959年までラブラドール・クラブのチェアマンをつとめ、その後1959年から死亡する1973年までは代表をつとめた。ラブラドール・クラブはラブの健全な育成を目指して、現在もなお問題の討議をしている。

スタンダードを知ろう

ラブの本当の姿とは、どんなスタイルなのか。

ラブラドールと一口にいっても、大きなコ、小さなコ、足の長いコ……など、さまざまなスタイルのラブたちがいます。では、理想とするラブは、どんな犬なのでしょうか。その理想のスタイルを細かく紹介しているが『スタンダード・ブック』というものです。各犬種のブリーダーたちは、ここに描かれている理想のラブを求めて、繁殖をしていくわけです。

スタンダードはさまざまな国や団体ごとに規定されていますが、基本的には『原産国のスタンダードに準じる』ように作られています。日本を代表するケネル・クラブである、ジャパン　ケネル　クラブ（ＪＫＣ）は、ＦＣＩ（国際畜犬連盟）の加盟国ですので、このＦＣＩのスタンダードと同じものになっています。ここでは、そのＪＫＣのスタンダードを紹介していきます。

より素晴らしいスタイルを求めて作られるスタンダード

【ラブラドール・レトリーバーのスタンダード】

■原産国 イギリス

■用途 ガン・ドッグ

■一般外貌

力強い体軀構成で、ショート・カプルドで、たいへん活動的である。スカルは幅広く、胸と肋は幅広く深い。腰及び後肢は幅広く、力強い。

■習性／性格

気立てが良く、たいへん聡明である。嗅覚は優れており、ソフトマウスで、水をたいへん好む。適応性があり、献身的な伴侶である。理解力があり、鋭敏で、従順で、人に喜ばれるのを好む。生まれつき優しく、攻撃的でもなければ、過度にシャイでもない。

■頭部（ヘッド）

●頭蓋部（クラニアル・リージョン）

スカル 幅広く、肉の付きすぎない、すっきりとした頬である。

ストップ 明瞭である。

理想的な顔の形

十分な厚みがあるマズルで、よい頭部の形をしています。耳のついている位置もちょうどよい場所です。

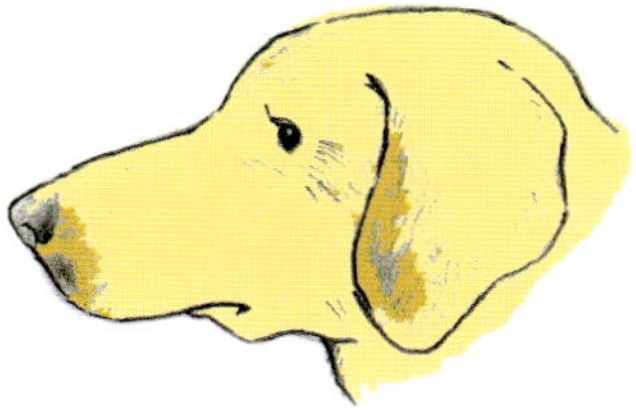

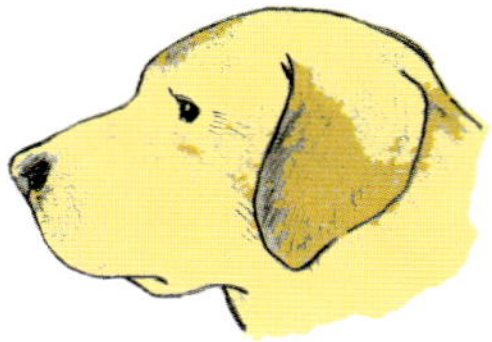

ディッシュ（鼻梁の部分）、マズル、そして耳の付きが高くなっています。

マズルがとがっており、ラブの特徴的な厚みもありません。ストップもやや浅くなっています。

●顔部（フェイシャル・リージョン）

鼻（ノーズ） 幅広く、鼻孔はよく発達している。

マズル 力強く、スニッピーではない。

顎／歯（ジョーズ／ティース） 顎は中位の長さで、顎及び歯は力強く、歯は完璧な正しい歯列の、欠歯のないシザーズ・バイトで、顎に対して垂直に生えている。

【歯の咬合】

犬の歯の咬合にはいくつかのパターンがあります。ラブの正しい咬み合わせは『シザーズ・バイト』です。

シザーズ・バイト

上顎の切歯が下顎の切歯の前にわずかに出る咬み合わせです。ハサミの咬み合わせに似ていることから、日本では『鋏状咬合』とも言います。ラブでは正常な咬合ですが、このイラストの歯列は上顎に過剰歯があります。

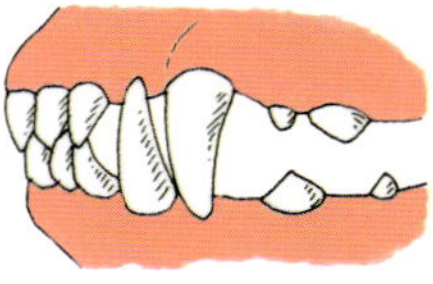

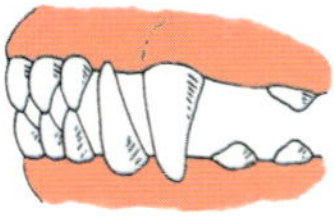

レベル・バイト
上下の切歯がペンチのようにぴつたりと合う咬み合わせです。『切端咬合』といいます。

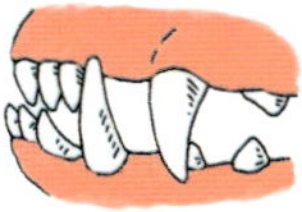

アンダー・ショット
口を閉じたとき、下顎の切歯が前に出すぎる咬み合わせです。

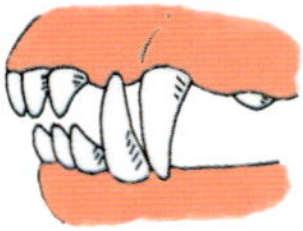

オーバー・ショット
上顎の切歯が前に出すぎる咬み合わせです。

目（アイズ）中位の大きさで、理解力のある優しい表情をしており、ブラウン或いはヘーゼルである。

耳（イヤーズ）大きくもなければ、重々しくもなく、頭部に沿って垂れており、付け根は頭部のやや後方にある。

■**頸**（ネック）

すっきりとしており、丈夫で、力強く、肩にしっかりついている。

■ボディ

●**背**（バック）トップラインは平らである。

●**腰**（ロイン）幅広く、ショート・カプルドで、丈夫である。

●**胸**（チェスト）十分な幅と深さがあり、肋は樽形によく張っている。

■**尾**（テイル）

形は特徴的である。付け根は大変太く、先端に行くに従って徐々に細くなる。中くらいの長さで、飾り毛はないが、全体が短く、厚く、蜜な被毛に覆われており、丸く見えるので、オッター・テイル（カワウソの尾）と呼ばれる。尾は高く掲げてもよいが、背上で巻いてはいけない。

■**四肢**（リムズ）

●**前肢**（フォアクォーターズ）前脚はよい骨で、前望しても、側望しても、肘から地面までは真っ直ぐである。

肩（ショルダーズ）長く、傾斜している。

●**後肢**（ハインドクォーターズ）よく発達しており、尻は傾斜せず、尾に連なる。

【理想的なバックラインとは】

ラブのバックライン（背線）は、水平で真っ直ぐなのが理想です。キ甲から尻にかけて傾斜はしません。

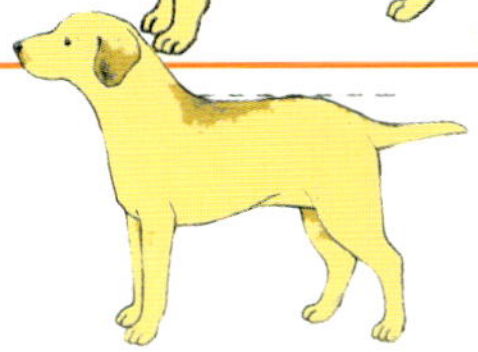

背の中央が下がっているバックライン。スウェーバックとよばれるラインで、一般的に『緩い背』といわれます。

【よい尾の付き方】

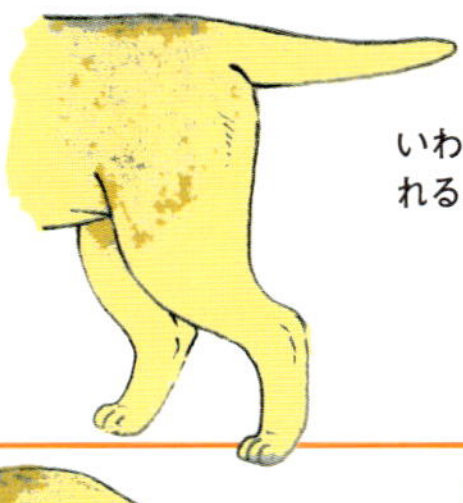

いわゆる『オッターテイル』といわれる、ラブならではの尾の付き方

下付きの尾。お尻の位置も下がっています。

どちらの位置も、高すぎる尾の付き方。

膝（スタイフル）良好な角度である。

飛節（ホック）十分低く位置し、カウ・ホック（※）は極めて好ましくない。

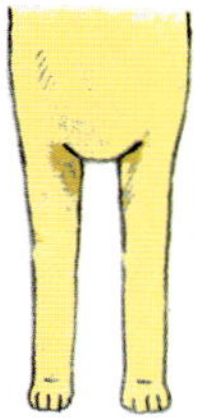

せますぎるケース
（狭踏肢勢）

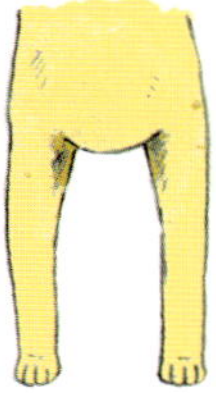

広すぎるケース
（広踏肢勢）

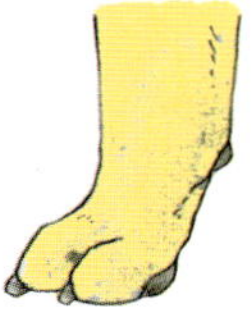

傾斜が少し弱い前繋の部分。兎趾。

【前脚の開きと形】

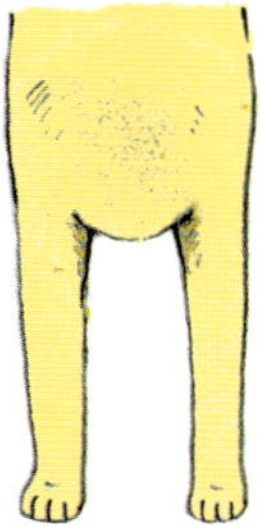

理想的な前脚の開き具合です。

【前脚のよい角度】

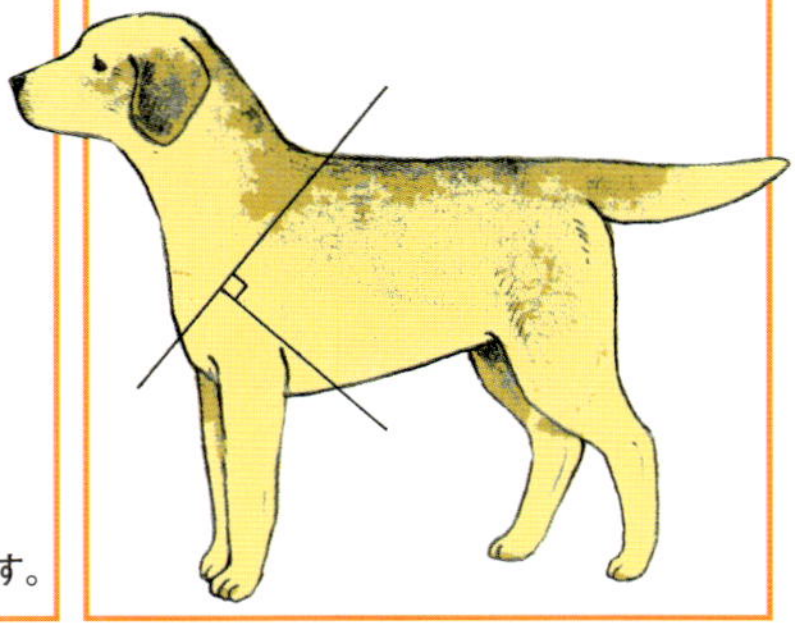

【指趾の形】

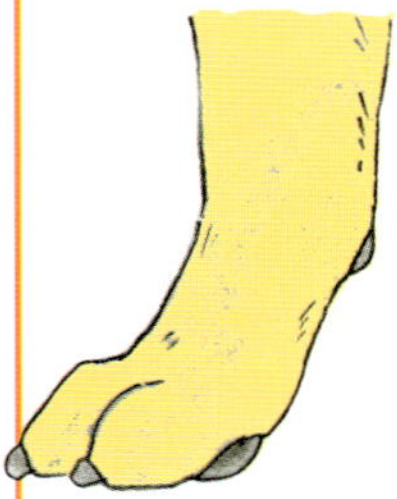

適度に傾斜している前繋。厚みのある趾で、理想的な趾です。

【後肢のよい角度】

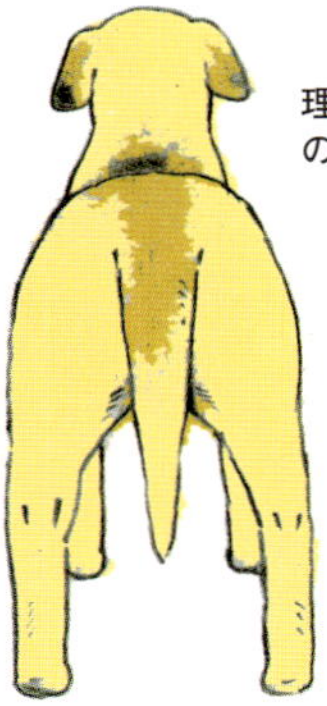

理想的な角度と開き具合の後肢

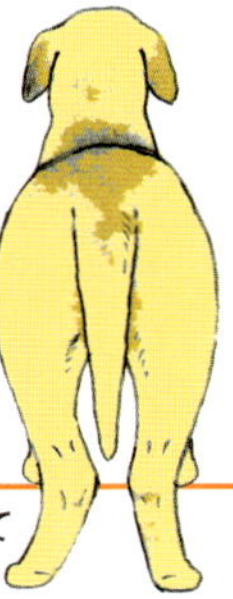

内側に曲がってしまっているいわゆるX脚。

●足（フィート）　丸く、コンパクトで、指趾はよくアーチしており。パッドもよく発達している。

■歩様（ゲイト／ムーブメント）

自由で、グランド・カバリングに富み、前肢も後肢も真っ直ぐに正確に動く。

■被毛（コート）

●毛（ヘアー）　被毛は顕著な特徴で、短毛で、密生し、ウェーブ状の飾り毛はない。手触りはかにり堅く、下毛は風雨に強い。

●毛色（カラー）　全体的にブラック或いはイエロー、レバー／チョコレートである。イエローは明るいクリーム色からレッド・フォックスまである。胸にある小さなホワイトの斑は許容される。

■サイズ

●理想体高

牡　56～57cm

牝　54～56cm

■欠点

前記の点からのいかなる逸脱も欠点とみなされ、その欠点の重大さは逸脱の程度に比例するものとする。

■失格

・陰睾丸

楽しい生活を送るためのコツ

愛犬と出かけると、新しい発見と出会いが待っている。

イヌも楽しい時間を一緒に

ラブは〝お仕事〟が大好きです。飼い主から与えられる仕事なら心底喜んで取り組みます。仕事とはいっても別に盲導犬や警察犬のトレーニングをする必要はなく、一緒に楽しめる「遊び」であればいいわけです。彼らがドッグ・スポーツで活躍するのは、飼い主がその習性をきちんと理解してつき合っているからにほかなりません。

「じゃあ、遊ぼう」と思ったとき、何をすればいいかなかなか思いつかないのがこの「遊び」でもあります。しかし、だからといってあきらめないでください。愛犬との遊びを考え出すことも、実は飼い主の大切な役目なのです。

旅行に便利なグッズ&必需品

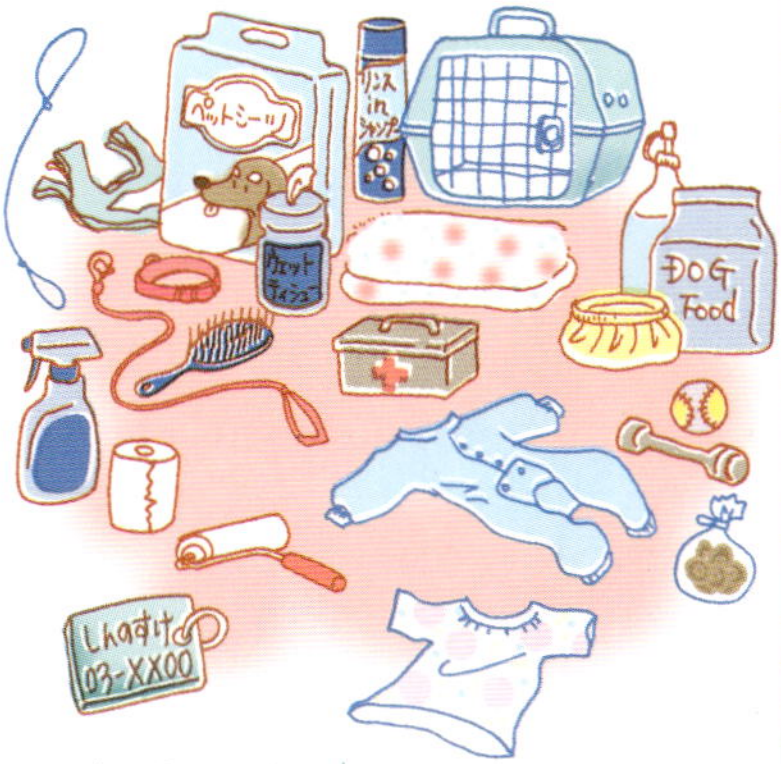

01 ケージ
車での移動や、宿の室内ではケージなどをセッティングしておき、そのなかでイヌが過ごすことができるようにします。

02 フード&お水
普段食べ慣れているドッグフードをいくつかに分けておきます。お水はペットボトルや水筒などに入れて、夏場なら凍らせたり、氷を入れたりして冷やしておきましょう。

03 フードボウル
お水入れとは別に、フード専用の携帯に便利な素材（ナイロン製）のものを持って行くとかさばらないで収納できます。

04 排泄用グッズ
ウンチ用のビニール袋を旅行日数以上に用意しましょう。水に流せるティッシュなどもあると便利でしょう。トイレシーツも多めにもっていくと安心です。また、男の子の場合、マナーパンツなども持っていくのもおすすめです。

05 グルーミンググッズ
サイズの違うタオルを数枚。イヌ用のタオルは何枚あっても助かるものです。また、ブラシ、シャンプーも欠かせません。

06 マナーグッズ
お互い気持ちよく利用するための必需品となるのが、粘着テープ、消臭スプレー、ウェットティッシュ、トイレットペーパーです。

07 リード&首輪
普段使っているものは必ず持って行きましょう。その他、リードと首輪が一本化しているものもあると、便利です。

08 救急箱
いざというときのために、愛犬用の救急箱を用意して下さい（詳しくはP128をチェック）。この他にも持病や乗り物に酔いやすいイヌは薬も忘れずに。

09 IDタグ
迷子札は旅先ならなおのこと必要になります。名前と住所と連絡先をきちんと記入しておきましょう。

10 オモチャ
オモチャはいつも遊んでいるものの他に、トライしてみたいものなどを持っていくと、よりいっそう旅が楽しくなります。

11 Tシャツ・つなぎ
抜け毛対策に欠かせないのが、4つ足タイプのつなぎと、熱さ対策にもなるTシャツ。宿の中には洋服を着させるのを義務づけているところもあります。

「もしも……」のときは？

旅行中は、普段では考えられないことが起こるケースもあります。そんなもしものときのために、これだけは知っておくと便利です。

Q イヌが走っていったまま、戻ってこなくなってしまいました。

A 歩いてきた道を戻る

まず、重要なことは、旅行に出かけるときは、飼い主の連絡先を書いたIDタグを必ずつけておきましょう。イヌの姿を見失ってしまった場合は、今、通ってきた道を辿ってスタート地点まで戻ります。こうするとイヌと飼い主の足跡（臭い）が、二重に地面につきますので、イヌは飼い主の匂いを発見しやすくなるのです。

Q ドッグランで愛犬がケンカに巻き込まれてしまいました。上手な引き離し方法はありませんか。

A ホースやバケツの水で気をそらす

イヌのケンカにもいくつかのパターンがありますので、まず、それを見極めることが大切です。どちらかのイヌがケガをしそうなケンカでは、飼い主が怒鳴っても、効果がありません。こんな危険な状況の場合は、ホースや大量のバケツの水をイヌにかけて驚かせます。そして両方のイヌがひるんだスキに首輪を掴んでお互いを離すようにします。

Q 愛犬がケガをしてしまいました。

A 応急処置が重要なポイント

イヌは人と違って「ケガ」を自分で認識することができませんので、ケガ＝ショック状態になってしまうことがあります。イヌの心配をとり除くのは、飼い主の的確な判断と応急処置です。

Q 急に元気がなくなってしまいました。

A なにか心配ごとがあるサイン

環境が変わりますので、食事をしないイヌやトイレをしないイヌもいます。特に神経質な面をもっているイヌもいるので、遠出をする場合は日頃使っている毛布やオモチャなどを持っていくと安心します。

Q どうしよう…。やってしまいました。

A トラブルには誠意のある対応を

宿でのトラブル、イヌの咬傷事故など、普段は起こらないことが予測されます。どんなトラブルであっても、きちんと話し合うことが大切です。

パブリック・スペースでの過ごし方

■ペンション、ドッグランなどで

愛犬とゆったり過ごしたい人たちに大人気なのが、犬連れ旅行。最近は愛犬と一緒に宿泊できるペンションやホテルなどもたくさんできました。リゾート型の施設も増えており、施設内にプールやドッグランなどのイヌ用のアクティビティが完備している場所もたくさんあります。

このような施設の場合、どこでも独自のルールを持っています。施設を利用する前にそのルールをしっかりと読むことはとても重要です。そして当然、守らなければなりません。もし、あやまってルール違反のことをやってしまった場合には、きちんと話しあって解決をするようにしましょう。

アウトドアライフがぴったりなラブですから、オートキャンプ場を利用する機会が多いという家庭もあるかもしれません。その場合もキャンプ場のルールに従い、社会に暮らす者としてきちんとマナーを守ることが大切です。周囲の豊かな自然につい気分が開放的になって、ボールやディスクを使った遊びをしたくなるでしょうが、ノーリードで遊ばせるのはもってのほかです。

■カフェ・レストランなどで

ペンションなどと違って、事前にルールを読むことはあまりありませんが、飼い主として常識的な行動を問われます。「ウチではこうやってるから……」と勝手に振る舞う飼い主の人をときおり見かけますが、人間社会に常識があるように、犬連れであっても、一般常識を守らなければなりません。

また、カフェやレストランの場合、犬連れでないお客さんもいますので、そういった方たちへの配慮も忘れないようにすることが大切です。

基本的なマナーを忘れずに

カフェやレストラン、ペンションの食堂など、イヌは飼い主のイスの下で静かに待っているのが基本です。クンクン鳴くのを許したり、要求に応えたり、飼い主と同じ食器を使うといった行為は絶対にしてはいけません。

2
子犬を迎えに行こう!!

いよいよわが家に待望のラブがやってきます。
どんな準備が必要なの? 初めての夜はどうするの?
そんなみなさんの不安にお答えします。

子犬を購入するいくつかの方法

自分に合った方法で、子犬と運命的な出会いをしましょう。

子犬との出会いは時に運命的です。素敵な縁をもてるように、ここにいくつかの購入方法を紹介します。それぞれに利点・注意点がありますので、自分に一番合った方法を選んでください。

良いペットショップの見分け方・選び方

純血種が欲しいと思ったら、ペットショップで探すのが最も一般的な方法です。では、数あるなかから、どのような点に気をつけて、ペットショップを選べばいいのでしょう。簡単なチェックポイントを紹介しますので、ぜひ参考にしてください。

店内の臭い

ショップに入った途端に、ペット独特の臭いがこもっているのを感じたら、いい加減な掃除を疑ってみてください。子犬やケージの中の衛生状態も心配です。排泄物などで汚れていないか確認しましょう。

店員の接客態度

お客さんに対する店員の振る舞いは、ショップのオーナーの考え方そのものにほかありません。犬種の知識が豊富かどうか、食事やトイレなど子犬の管理について聞いたとき、納得のいく答えが返ってくるかどうかに気をつけたいものです。

アフターフォロー

購入した直後に子犬が突然病気にかかってしまったとします。そのときショップがどのように対応してくれるのか、保証制度のようなものを用意しているかなどがチェックポイントです。さまざまな事態にできる限りの誠意を見せてくれるショップは信頼がおけます。提携獣医師による健康相談を定期的に行っている所はさらにいいでしょう。また、ほかの子犬と遊ばせるようにしていたら、〝社会化〟の重要性を理解しているショップだということです。成犬になってからの問題行動は、生後45〜60日の大切な時期に、社会性を身に付けたか、否かで大きく変わってきます。あとあとのしつけに差が出てきますから、将来のことを考えたこのような取り組みは、お客さんのことをきちんと考えているサービスといっても過言ではありません。

最も大切なのは、事前にいろいろな点について、勉強しておくということでしょう。イヌに関して知りたいこと、疑問に思うことを、ショップの店員に何でも相談してみます。あれこれ会話を交わしていくなかで、たくさんの情報を得られるはずです。そうすれば、愛犬との素敵な出会いがきっと待っていることでしょう。

これがトラブル回避のコツ
購入時に確認しておきたいcheck5（チェック）

「子犬を購入後、すぐに病気で死んでしまった」「純血種だといわれて購入したのに、いざ成長すると、ボーダーとは思えない犬種になってしまった」などのトラブルを耳にすることがあります。このようなトラブルを避けるために、購入時に以下の5つを確認しておくといいでしょう。

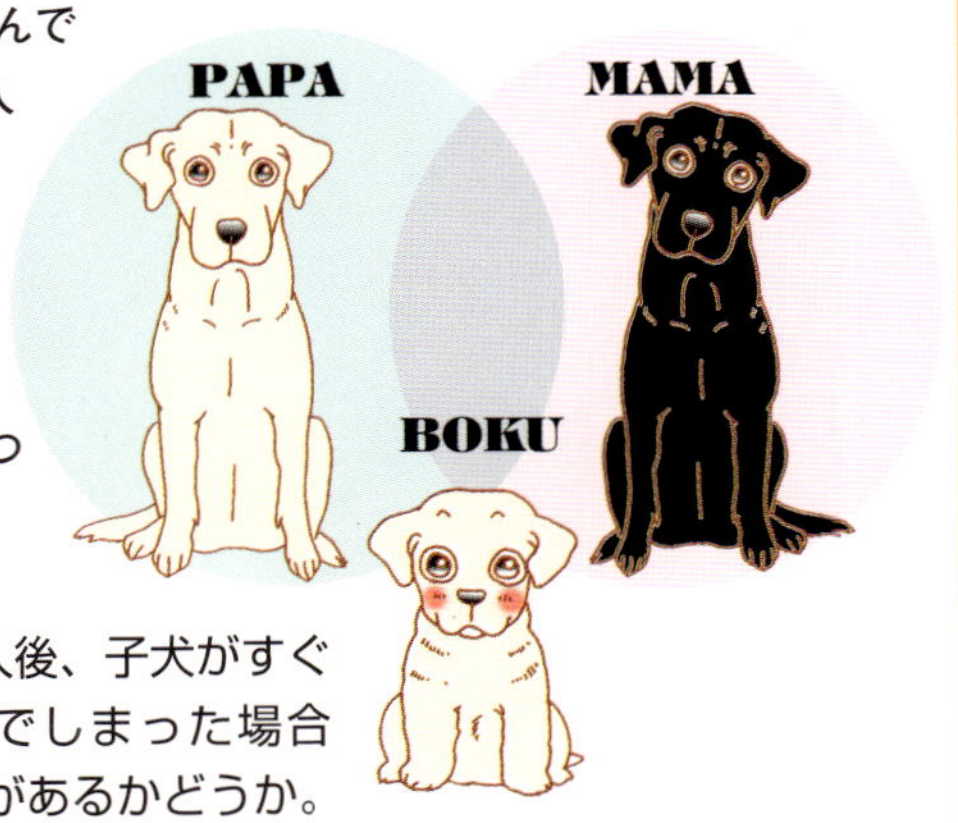

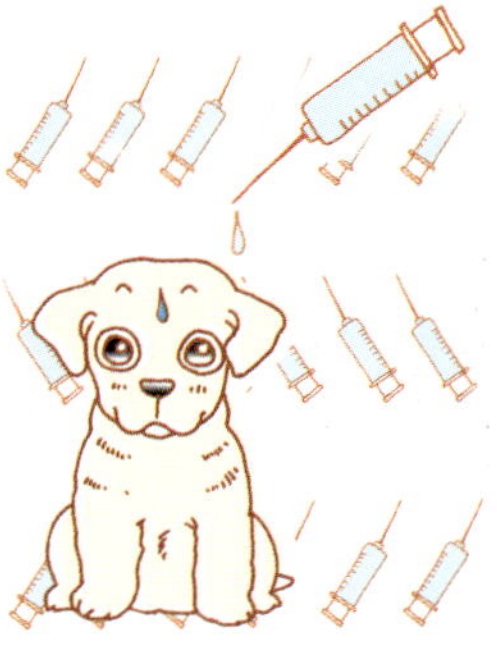

1. 購入後、子犬がすぐに死んでしまった場合の**補償**があるかどうか。
2. **ワクチン接種**はされているかどうか。
3. **血統**はどうか。血統書を見て、その子犬が遺伝疾患をもっているかどうか。もっている場合、それは遺伝なのか、発症なのか。
4. **親犬**の性格や体質はどうか。
5. 子犬の**正確な生年月日**、**性格**や**健康状態**はどうか。

犬種専門のブリーダーから購入する

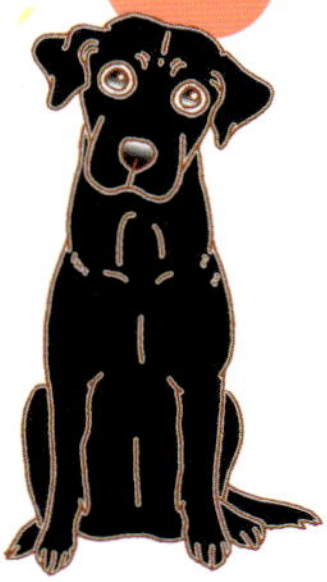

最近は、専門犬舎からイヌを購入するというケースが次第に増えてきました。犬種に対するしっかりした考えをもち、こだわってブリーディングしているところが少なくないので、理想的なイヌにめぐりあえる可能性が高いのです。では、一般の人がブリーダーから子犬を手に入れる場合、どうアプローチすればいいのでしょうか。

一番手近な方法は、愛犬雑誌などによく掲載されている広告から選ぶものです。広告には、繁殖したイヌの写真、血統の履歴、オーナーのポリシーなどが載っています。これだけで判断するのはなかなか難しいのですが、同じラブでも、ブリーダーを見比べることができます。

ブリーダーから購入するメリットの1つは、子犬と一緒に親犬を見ることができるところにあります。子犬の成長した姿を想像するには、とにかく親犬を見せてもらうのが一番です。

さらに、もう1つのメリットは、子犬が育っている環境を知ることができる点です。申し分のない環境で愛情深く育てられていると判断できれば、繁殖に対するブリーダーの姿勢がわかります。

ブリーダーにコンタクトをとるには、すでに同じ犬舎から購入したことのある人に紹介してもらうのがいいかもしれません。

ペットブリーダーとショードッグブリーダー

ブリーダーと一言でいっても、ペットブリーダーとショードッグブリーダーの2つがあります。ショードッグブリーダーとは、その名の通り、ショードッグを作出するためにのみ、ブリーディングを行っています。したがって、そこでは、ペットのためのブリーディングは行われません。彼らは、ハイクオリティなブリーディングを第一に考え、あらゆる努力をしています。

インターネットの情報を活用する

近ごろは、インターネットで子犬を探す人も多いようです。ペットショップやブリーダーをはじめ、たくさんの子犬情報がネット上を飛び交っています。

情報の量、スピードにおいて、インターネットに勝るものはないかもしれません。誰もが検索できる手軽さ、自宅で探せる気安さは、今どきのニーズにぴったりです。うまく活用すれば、思いのほか簡単に目当ての情報を引き出せるでしょう。

しかし、子犬が手元に来るまで直接見ることができない場合が多いので、いくつかの注意点があります。

もうすでに子犬が産まれているなら、画像データを送ってもらいます。必ず母犬の写真も見せてもらってください。足を運べる所なら、何度か見に行くことをおすすめします。

金銭の受け渡し方法、子犬の受け取り方法は、あらかじめ確認し、納得がいくまで話し合ってください。

そのほかから子犬を手に入れる方法

ここに紹介した方法以外でも、子犬はいろいろな場所で入手できます。身近な所では、ペットグッズを豊富に取り扱うホームセンターがあります。ペットショップがテナントとして、またはホームセンターと提携してチェーン展開しているところが少なくありません。専門のスタッフが接客にあたっているので、ペットショップで子犬を求めるときと同様、聞きたいことは何でも質問することができます。

このほかには、動物保護センターの里親制度、愛犬雑誌や動物関連のイベントで行われる里親募集、知人のところで産まれた子犬など、方法はたくさんあります。いずれにしても、飼う前にチェックすべき点はクリアにしてから子犬を迎えましょう。

子犬の選び方

子犬の選択ポイントは、容姿よりも性格が第一です。

容姿よりも性格が決め手!

子犬の選択ポイントは、何といっても性格です。容姿がいいと一目惚れをし、一度で〝この子!〟と決めてしまうのはいかがなものでしょうか。できれば、広い場所で子犬たちが自由に行動する様子を観察してみましょう。弾むように飛び回り、ほかのイヌたちとじゃれあう子犬は明るい性格の持ち主。さらには「オイデ、オイデ」と呼びかけたときに、喜んで駆け寄ってくるような社交性のある子が理想です。反対に、人の姿を見て、慌てて犬舎へ逃げ込むような子は、それだけ性格がシャイな証拠。大きくなれば、異常な警戒心から無駄吠えしたり、人を威嚇したりすることもあります。

オス・メスよりも相性で判断を

オスにするか、メスにするかは個人の好みの問題であり、性別で善し悪しを言うことはできません。たとえば、オスを選ぶ理由には、シーズンがないし、メスよりも忠実で、被毛の質が良いということがあるでしょう。メスを好む人の理由には、オスよりも情が深く清潔だという考えがあります。しかし、このような性別の違いはありますが、あらかじめ、オス・メスとこだわって決めてしまうよりも、自分と子犬の相性がいいかどうか性格を見極めて、それを選択の基準にしたほうがよいといえます。

瞳が物語る性格の善し悪し

「目は心の窓」と言われますが、子犬の場合も同じです。とくに、ラブの瞳は澄んだ眼差しの奥に、知性が宿っています。表情をよく観察しましょう。キラキラ輝いて好奇心いっぱいの目をしていますか？　最大のポイントは白目を出さないこと。手をパンと叩いたときに、目玉をキョロキョロさせたり、耳をピクピクしたりして反応するのではなく、顔全体を音の方向に向けてしっかりと見据える、そんな子犬が、賢く、強い精神力の持ち主であるといえます。

健康な子犬の Body Check
ボディチェック

目
生き生きと輝き、澄んだ瞳。目の色、目の回りが涙や目やにで汚れていないかをチェック。先天的な障害については、ボールやペンライトを追わせて判断します。

耳
左右のバランスが良く、内部は薄いピンク色。強い悪臭を放ったり、耳あかで黒く汚れていてはいけません。しきりに耳を掻いたり、床にズルズルと押し付けているのを見たら、要注意。

肛門
周囲に便がついていないかチェックします。汚れていたり、べたべたしていたら、下痢をしています。内臓の病気に感染している恐れがあります。

皮膚
弾力があり、毛づやが良くて、フケや汚れがないかを確かめてください。カサカサしていたり、べたついた感じの場合は、アレルギー性の皮膚疾患を起こしているかもしれません。

行動
好奇心旺盛に元気よく動いていたり、気持ちよさそうに眠っているのは健康な証拠。元気がなく、動きが鈍い、食欲がなさそうといった場合は、何か問題を抱えている可能性があります。

口
歯茎や舌はピンク色をしていること。子犬が嫌がらない程度に、歯茎や歯列の様子を見てみましょう。口臭がないかもチェックします。

鼻
適度な湿り気がなくてはなりません。鼻水が出ている、乾いてカサカサになっている、呼吸のたびに音がする、などの状態のときは注意が必要です。

子犬を迎えるための準備

最低限必要なものをそろえて、子犬との生活に備えましょう。

必ず用意しておきたいもの

子犬が来ることが決まったら、必要なものを用意しておきましょう。

まず、子犬が落ち着くことのできるサークルやベッド、ケージ、おもちゃ類、食器、グルーミングやケアグッズは最低限必要です。では、どんなものがいいのでしょうか。具体的に紹介していきましょう。

サークル

子犬が安心していられる場所を居間などに設置します。

サークルの中に、ビニールシートを敷き、子犬の体にフィットするようなベッドを入れます。

子犬がサークルの中で、安心して生活できるようにしてあげます。また、設置する場所は、家族が集まる場所にします。子犬の頃から、さまざまな人に慣れさせることは重要です。寂しい思いをさせると、性格形成に影響が出てしまいます。

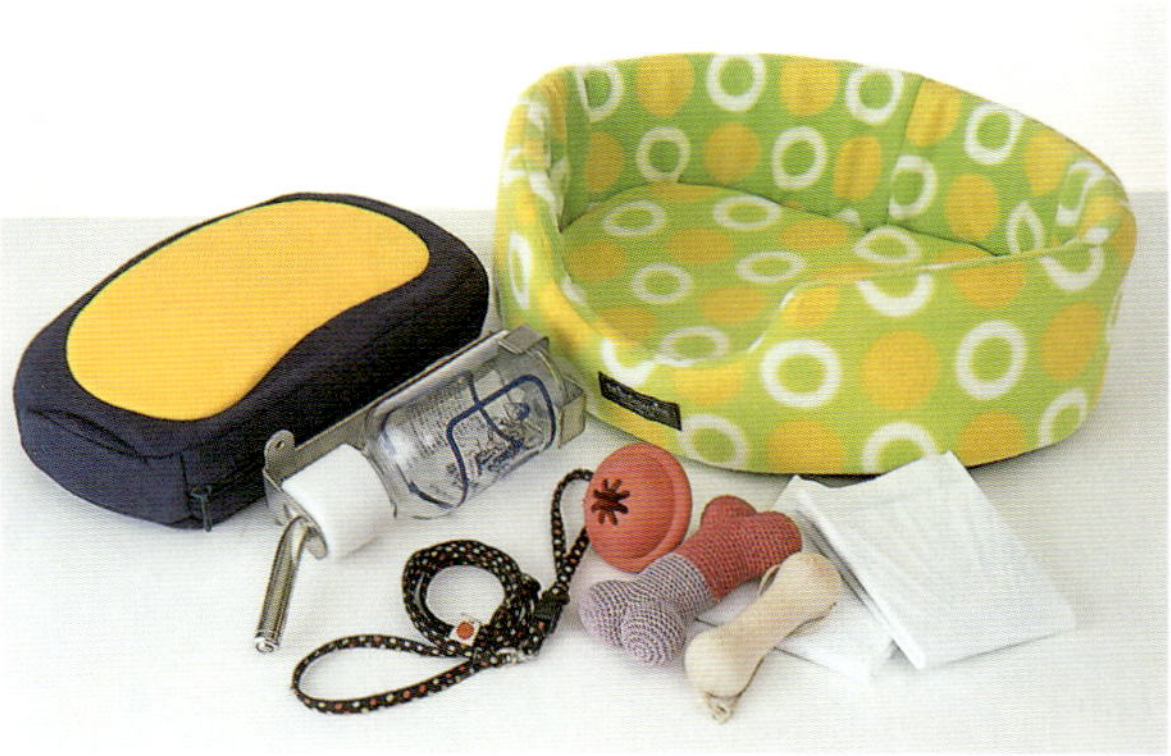

ベッド

簡単に洗濯できるものが便利で、衛生的です。

フードボウル

その子犬専用の食器を用意します。重みがあって動きにくい、ステンレス製か陶器製のものがいいでしょう。水入れはサークルに付けるタイプのガラス製の自動給水器が安心。新鮮できれいな水がいつも飲めます。

ヒーター

とくに、子犬のうちは寒さで体調を崩しやすいので、ペット用ヒーターは必需品です。ただし、低温やけどやヒーターのコードをかじることによる事故などに注意しましょう。

トイレ&トイレシーツ

生活環境によって変わってきますが、ラブのような中型犬でも、室内にトイレを用意しておきましょう。

リードと首輪

首に何かをつけさせることは、遊びのなかから覚えさせていきましょう。最初はゆるめにリボンをつけ、長い紐にも慣れさせます。3～4ヵ月までは、リードと首輪が一体になったものがおすすめ。6ヵ月を過ぎると、首輪でもいいでしょう。胴輪は基本的にはトレーニングがきちんと入ったイヌにおすすめです。

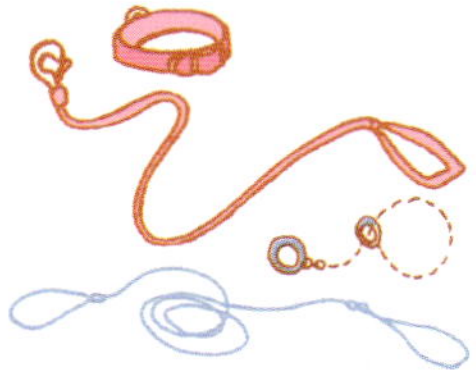

グルーミンググッズ

コーム、ブラシ、爪切り、爪やすりは最低限必要なもの（4章参照）。シャンプーやリンスなどは、子犬用のものをそろえてあげましょう。成長してきたら、できるだけ弱酸性の刺激の少ないシャンプーを選んであげてください。

おもちゃ

子犬を迎えるときに、フードボウルやトイレシーツなど、衣食住に関するものは万全の準備をするのですが、意外と見落とされがちなのが〝おもちゃ〟です。人間の赤ちゃん同様、あるいはそれ以上に、子犬はさまざまな事柄に興味があります。1日中でも、誰かと遊びたがっています。飼い主が朝から晩まで相手をしてあげることができればいいのですが、なかなかそういうわけにもいきません。

そんなときに必要なのがおもちゃです。子犬はおもしろいおもちゃがあれば、ひとりで遊んでいます。その遊びのなかから、いろいろなことを学んでいくのです。また、飼い主がかまってくれないことに対する精神的なストレスを軽減することもできます。

おもちゃにもいろいろ種類がありますが、それぞれに意味があります。それをよく理解して、子犬の本能を満たしてあげるような、安全なおもちゃを用意してあげましょう。

■ゴム製の噛むおもちゃ

成長期のイヌは絶えず歯がうずいています。そんなときに噛むタイプのおもちゃは効果があります。また、弾力性のあるゴムは歯茎に適度な刺激を与えてくれます。

■ボール遊び

ボールやディスクなどの物を追いかける遊びは、イヌの本能的な遊びのひとつです。この遊びを繰り返すことによって、イヌとしての健全な精神が養われます。

■綱引き遊び

これもイヌが大好きな遊びのひとつです。飼い主とのコミュニケーションを楽しむことができます。この遊びを上手に利用して、リーダーの地位を決めることができますので、絶対にイヌを勝たせてはいけません。

■ガム

退屈な時間のときや、歯が抜け替わるときには何でも噛むので、その前にガムを与えておくこと。色がついているものはダメ。ガムはストレス解消と成長してからは歯石の予防にもなります。

状況に合わせて選びたい数々のおもちゃ

01 ボール

子犬の口の大きさに合わせて選ぶようにしましょう。弾力のあるもののほうが歯を痛めません。噛むと音が出るタイプもありますが、この音を嫌うイヌもいます。

02 ロープ

綱引き遊びに使います。大きさ、太さはさまざまなものがありますので、子犬に合わせて選ぶようにしましょう。

03 ぬいぐるみ

ゴム製のおもちゃは噛んで遊びます。ぬいぐるみも噛んだりなめたりして遊びますが、柔らかな素材のものがあると、子犬は精神的に落ち着きます。与えるときは、目や鼻に突起物やプラスチックのものがついていないかチェック。

04 ダンベル

将来、トレーニングに役立つダンベルをおもちゃとして用意するのもいいでしょう。子犬用の小さいタイプもあります。

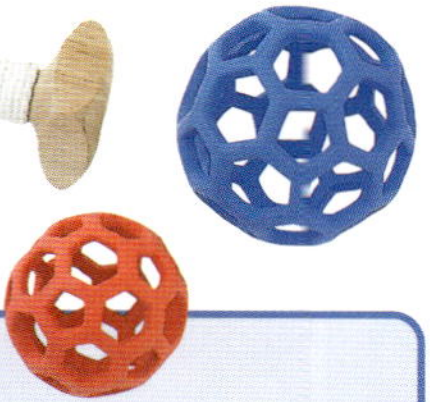

05 ホーリーローラーボール

イヌ同士の引っ張り合いやお留守番のときに役立つアイテム。

きちんと『遊び』を終わらせましょう

おもちゃを使った遊びは、子犬にとって肉体的にも精神的にもいいものですが、イヌは飽きることを知りませんので、度を越して遊びすぎないように注意をしなければなりません。ことに飼い主と一緒に遊ぶときには、必ず飼い主がリーダーになるようにします。つまりあなたの合図で遊びはスタートするのです。遊びたがりの子犬たちは自然とあなたに注目し、あなたの指示を待つようになります。

ただしいつまでも遊びの時間が続くわけではありません。きちんと終わらせることは、遊びのスタートよりももっと大切です。一定の時間を設定し、遊びの終了の時間がきたら「オワリ」や「オシマイ」などのコマンドできっちりと終わらせ、そしてこのコマンドの後は、一切、遊ばないようにします。

さて、よくわからないのがこの『一定の時間』です。理想的なのは、イヌがもっともおもちゃに熱中している時間です。子犬ですと5分くらいが目安になります。「もっと遊びたい～」と思っているときにやめることによって、また、次の遊びの機会につながりますので、子犬は遊んでもらいたくて、さらに飼い主に注目するようになります。

いよいよ子犬を迎えに行こう!

迎える当日は、なるべく午前中に出向き、翌日も一緒にいられるような日を選びましょう。午後や夕方だと、明るい環境のもとで慣れさせることが不十分なうちに夜がきてしまい、子犬をいっそう心細くさせてしまうからです。また、車で迎えに行くときには、運転者以外の人が膝に毛布をかけ、その上に子犬を寝かせて、抱きながら車に乗るようにします。移動中に子犬が車酔いをして吐いたり、緊張のあまりオシッコをしてしまうこともあるので、新聞紙や古いタオルを持っていきましょう。移動時間が長い場合は、子犬のための飲み水も忘れずに。

子犬をかまいすぎるのは禁物

子犬が来てすぐは、どの家でも家族中で大歓迎。子犬が遊んだり、寝たり、食べたりと、どのしぐさもたまらなくかわいいため、つい頭をなでたり、抱きしめたくなってしまいます。でも、子犬は初めての見知らぬ環境と、代わる代わるの人間の登場で、かなり疲れていると思ってください。

新しい環境に慣れるまでは、元来丈夫なラブでも、体調を崩しやすいので、行動はイヌ任せにして1週間ぐらいはかまいすぎに注意しましょう。

子どもの協力でよりよい環境づくりを

子犬を見ると、小さい子どもはたいてい興奮してはしゃぐもの。そこで、子どもにやさしく見守るよう言い聞かせておきましょう。子犬が家の環境に慣れて、早く落ち着けるように、子どもにも協力させることが必要です。連れてきたばかりの子犬を、子どもだけに渡すようなことは、絶対にしないようにしてください。

3
子犬時代の育て方

子犬のしつけは、
子犬がわが家にやってきたときからスタートします。
どんな立派なイヌに育つか、みなさんの育て方にかかっています。

パピートレーニングは最初が肝心

しつけはイヌが人間社会で幸せに暮らすための基本ルール。

しつけとは？

子犬のトレーニングは生後40～50日だろうと、3ヵ月だろうと、家にやって来たときからスタートします。

子犬の3ヵ月ころというのは、精神面、肉体面両方の形成において非常に重要な時期となります。このときに体験したことが成長してから決定的な資質になる可能性がかなり高いのです。

もちろんリードによる通常のトレーニングは、骨格形成が不十分な子犬にはとても危険です。ここでいうトレーニングとは、リードで矯正する練習ではありません。飼い主と子犬がともに社会化していくために必要不可欠なトレーニングのことです。手厳しくすると、肉体的、心理的なダメージが大きく、ストレスになって反抗する態度が芽生えたりします。性格形成にも何らかの影響を及ぼしかねませんので、子犬に合った適切なトレーニング方法を心がけてください。

では次のページから、子犬時代に必要なしつけを紹介していきましょう。

基本的なしつけは生後5ヵ月までに！

子犬のうちから何でもしつけたほうがいいと考えている人が結構多いようですが、月齢（年齢）で理解できることとそうでないことがあるのは、人間の子どもと変わりません。

イヌの成長を人間の成長過程と照らし合わせて考えてみましょう。イヌの生後6ヵ月までは、1ヵ月間を人間の1年。イヌの生後6ヵ月から1年までは、1ヵ月を人間の2年とします。この計算でいくと、生後60日の子犬は人間に換算すると、2歳の幼児ということになります。けれど、ラブはとても利口な犬種なので、小さいうちからしつけを入れることができます。できれば、生後5ヵ月くらいまでに「スワレ」「マテ」「コイ」などの基本的なトレーニングをマスターさせましょう。

サークルでの飼育が最適

狭い場所に押し込めるようでかわいそうという理由から、サークル飼育を嫌い、放し飼いにする人もいますが、時間が経てば、子犬はサークルを安心できる住まいとして喜ぶようになります。

サークルに慣れさせるには？

家族の姿が見える場所で、風通しがよく、子犬が出入りしやすいところを選んで、サークルを設置しておきましょう。そこに、子犬の興味を引くおもちゃと一緒に中へ入れて、しばらくの間様子を見ます。嫌がって鳴いたりしても、かわいそうに思って、すぐ出してはいけません。

次に、子犬をサークルから出して、抱いたり、遊んだりしてあげます。これを繰り返していくと、次第にサークルを自分の居場所として認識するようになっていきます。

トイレ・トレーニングは子犬を迎えた日から

1

まず、サークルやケージ内の全面にトイレシーツを敷き、そのなかに、家に着いたばかりの子犬を入れます。連れてきて、すぐに部屋に放したのでは、どこでも構わず、排泄してしまうことになりますので、気をつけましょう。

2

オシッコをしたのを見届けたなら、すぐに片づけ、今度は半分のスペースに、ベッドを置き、残りのスペースをトイレ場にします。汚れたなら、こまめに片づけ、清潔にしてください。トイレスペースが汚れたままですと、子犬は排泄する場所がなくなり、ベッドのほうも汚すだけでなく、トイレがわからなくなっていきます。

3

サークル内は楽しい場所であるという印象をつけるために、食事はサークル内で与えるようにします。ほとんどの場合、子犬は食べ終わると排泄しますから、見届けてから室内に放して遊ばせましょう。また、子犬は寝て起きたときに、排泄をしますので、タイミングをはずさないように。

4

室内に放して遊ばせる時間は、あまり長くならないようにしましょう。次に、もよおしてこないうちに、サークルに戻すことが大切です。このような生活を1ヵ月くらい続け、次にサークルの一面をはずし、全部のスペースにトイレシーツを敷いて、トイレにします。こうすると、室内のどこにいても、もよおすと、トイレに来るようになってきます。

5

時には、失敗してじゅうたんの上などにオシッコをしてしまうこともあるかもしれません。けれど、叱るのは、あくまでも現行犯のみです。いつしたかもわからないような場合には、決してあとから叱ってはいけません。イヌを無視し、イヌに見られないように始末をします。臭いが残っていると、その場をトイレと勘違いして再び粗相をしてしまうので、完全に消臭するようにしましょう。

決まった時間にトイレに連れていく

成長するにしたがって、排泄の間隔が長くなるので、イヌの成長を敏感に感じ取りましょう。食事の後や寝る前、目覚めた直後など、排泄のタイミングをつかんで毎日決まった時間に、トイレへ連れていきます。庭があれば、その一角をトイレ場と決めて、外で排泄する習慣をつけてもいいでしょう。すぐに用を足さない場合でも、「オシッコ」と優しく言葉をかけながら、気長に待ちましょう。そして、きちんと排泄できたら、十分ほめてあげます。また、下を向いて臭いをクンクンと嗅いだり、その場をクルクルとまわりだしたら、トイレのサインなので、すぐに抱いて連れていってください。

天気の悪いときやイヌの具合が良くないときのことなどを考えて、子犬のときから、家でも外でも用を足せるように教えるのが便利です。

子犬がオシッコをするタイミング

食糞をこれで解決！

初めてこの光景を目にしたとき、ほとんどの飼い主が愕然とするでしょう。自分の愛犬が排泄した便を食べているという姿はまさに仰天行動です。

しかし、当のイヌにとっては、別にめずらしいことではありません。子犬はちょっとしたいたずらで、コロコロ転がるのでおもしろくなって遊んでいるうちに口にしてしまうとか、また、不足している栄養素を補うためとか、いろいろな説がありますが、食事が足りないから食べるということではありません。食糞の解決方法は、とにかく一刻も早く片づけることです。

子犬期にマスターしておきたいしつけ

子犬のうちに覚えておけば、あとあとも役立ちます。

最初のしつけは「イケナイ」

子犬が最初に覚えなければいけない言葉は、ほめ言葉と「イケナイ」です。スリッパや靴を噛んでいるなど、何か子犬が悪いことをしているときには、いろいろな言葉で子犬を叱るのではなく、「イケナイ」のひと言で済ませましょう。その行動の直前や直後に、タイミングよく叱ることが大切です。しばらく経ってから叱ったのでは、イヌはその意味を理解しません。訳もわからずに、注意されたイヌは、人を恐れ、神経質になってしまいます。「イケナイ」と叱ったあとには、噛んでもいいおもちゃなどを与えて気分転換をはかってあげましょう。まずは、基本的な5つのしつけから見ていきます。

ヨーシ、ヨシ

イヌのしつけの上手下手は、ほめ方によって決まるといわれます。イヌが行動する直前か直後にタイミングよく与えるのが適切で、より強く印象づけることで効果があがります。ほめ方の基本は、表情をやわらげ、やさしく「ヨーシ、ヨシ」と名前を呼びながら愛撫をします。この方法を機会があるごとに与え、「ヨーシ、ヨシ」の言葉と愛撫によるやすらぎをイヌに覚えさせましょう。

イケナイ

叱り方で一番重要なことは、そのタイミングです。感情に走らずに、冷静に指示を与え、叱っていることを直ちにイヌが理解するように心がけましょう。イヌは善悪がわからないので、「イケナイ！」と叱られることによってその行為が悪いことだと判断します。大事なことは、何か悪いことをしたら、その瞬間にタイミングを逸さずに強く叱ることです。

スワレ

このしつけは、食事時を利用して教えましょう。食器にフードを入れて、イヌの目線より高い位置に持ち「スワレ、スワレ」と言いながら、食器を少し上下させるように動かし、イヌの行動を誘います。イヌはフードが欲しくて食器に注目しているので、タイミングよくお尻を押して、スワレの姿勢をとらせます。座れたなら、食器からフードを1粒褒美として与え、3回くらい続けて行ったら、残りの食事を与えます。

マテ

食事前の〝おあずけ〟として行うといいでしょう。左手に食器を持ち、右手でイヌの鼻先を「マテ」と制しながら、短い時間待たせておきます。次に「ヨシ」の許可を与えて、右の指先で食器を示し、誘導して食べさせます。この場合、「マテ」はやや強く、「ヨシ」はやさしさを込めていうのがコツです。マテができるようになると、いろいろな場面で行動を制止するときに使えるので完璧にマスターさせましょう。

噛まれていけない物は最初から置かない！

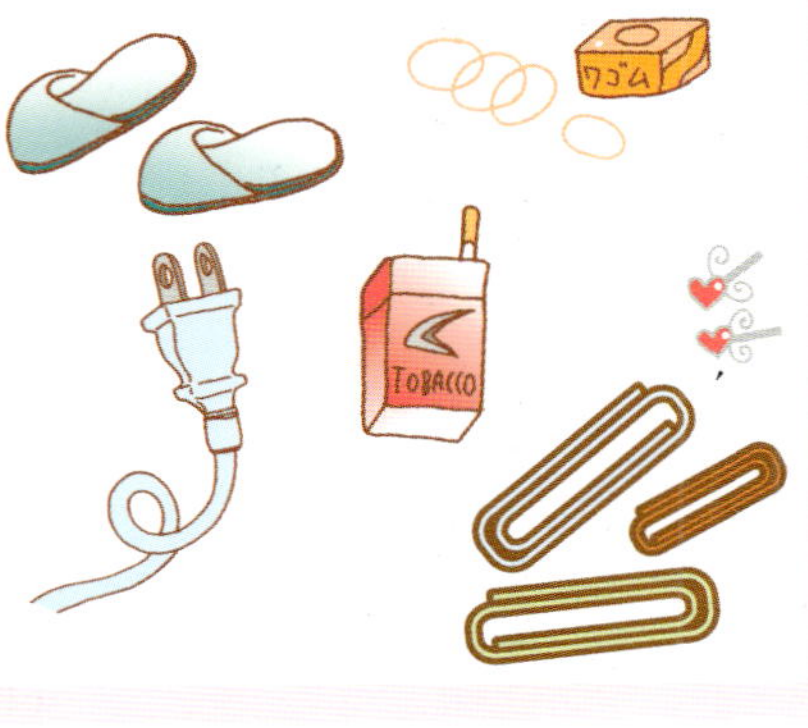

子犬は何にでも好奇心旺盛で、さらに乳歯の生え変わり時期でもあると、ところかまわず噛むことがあります。しかし、人間の家庭には、イヌが噛んだり、食べたりすると、危険なものがたくさんあります。子犬が生活している環境には、あらかじめ、部屋に物を置かず、注意して片づけておきましょう。そうすれば、子犬のいたずらを防げますし、いたずらをしてしまった子犬を叱ることもなくなるでしょう。

コイ

子犬に教える「コイ」はトレーニングというよりも、人間に喜んで寄ってくるよう安心感や信頼感を覚えさせるのが目的です。子犬のうちは、のびのびと育てることが望ましいわけですので、厳しいトレーニングをするという感覚は持たないようにしましょう。子犬のときに、不信感を与えるようなことをしたら、人間に対して信頼感をもたないイヌに育ってしまうこともあるので、気をつけてください。

「コイ」を教える一番良い方法は、食べ物を利用することです。イヌに、ご褒美のおやつを見せながら、名前を呼び、「ヨシ、コイ」とやさしく声をかけて誘います。呼ばれてイヌが戻ってきたら、十分にほめておやつを与えましょう。

このしつけで注意しなければならないのは、子犬が何か悪いことをしたときに、名前を呼んで、手元に来させ、叱ることです。〝呼ばれれば叱られる〟と覚えてしまったイヌは、以降、いくら呼んでも戻ろうとはしなくなるからです。もし、叱る場合は、自分がイヌのほうへ行くようにしましょう。

訪問者に慣れさせる

子犬が慣れなければいけないことのひとつに、訪問者があります。すぐに、人に飛びかかるイヌがいれば、ためらってしまい自信のないイヌもいます。恥ずかしがったり、引いてしまっているイヌに対しては、叱ってはいけません。

このようなときには、子犬を無視してください。そうすれば、好奇心も手伝って、ひょっこりと訪問者を見に来るかもしれません。諭すように語りかけ、訪問者を見に来るように勇気づけてあげましょう。

体を触ってもいやがらない

生活していくうえで、体のどの部分を触っても、怒らないように育てること。これは、子犬にしつけをする以前に、大切なことです。普段の遊びのときに、しばらく抱いて楽しそうな雰囲気をつくりながら、子犬のうちに慣れさせてしまいましょう。抵抗する子犬もいますが、静かに接してあげましょう。場合によっては、厳しい目で「イケナイ!」と叱りながら、ゆっくりと仰向けの体勢をとらせるようにします。このしつけをしておくと、獣医師に診察してもらうときなど、大変助かります。口を開ける場合は、前臼歯の位置に指を入れ、もう一方の手で下あごをさげてみます。やさしく声をかけながらやってみましょう。

叱りつけたり、強引にこじ開けたりしてはいけません。指を入れる位置が適切であれば、無理なく開けることができます。

ごほうびを使って体をタッチ

子犬は基本的に、小さい頃は、体のどこを触られてもイヤがりません。しかししばらくタッチしなかったり、成長につれてイヤがるイヌも出てきます。毎日、習慣的にタッチをしてあげることが大切ですが、イヤがる傾向が見えてくるようになったら、おやつなどを使って、触られると、いいことがあるんだ!! という学習をさせるように導いていきます。

大好きなオモチャを作ってあげること!!

ラブは遊びが大好きな犬種です。子犬の頃からたくさん遊んであげることが大切です。ただし漠然と遊ぶのではなく、犬が興味を持つように遊んであげなければなりません。このときに重要な役割を果たすのがオモチャです。そのコはどんな形状のオモチャに興味を示すのか、どんな遊び方が好きなのか、いろいろなパターンで試してみて、しっかりと把握するようにします。次の段階でそのオモチャはしつけやスポーツに威力を発揮します。

サークルが居心地のいい『自分の部屋』になるように

室内で飼う場合であっても、『犬小屋』が必要です。ラブの場合、一般的にはサークルを用いるケースが多いのですが、大型のケージやクレート（箱形のケージ）でもいいでしょう。サークルに入る習慣は飼い主が留守をしているときや、お出かけ、旅行のときなどにも大変に役立ちます。また、最近では災害時など、サークルに入ることができないイヌは、動物保護所で預かってもらう場合、トラブルが発生するケースが増えています。愛犬の安全のためにも、ハウス・トレーニングはしっかりとしておかなければなりません。ただしその際、サークルに閉じこめる、という印象をイヌに与えるのではなく、サークルがイヌにとって居心地のいい場所であるように教えてあげることがとても大切です。

サークルの置き場所は、家族が見える場所にして、イヌを安心させます。中にタオルを敷いたり、好きなオモチャを入れたりして、快適に過ごせるようにしてあげましょう。

また、罰としてイヌをサークルに閉じこめるようなことはしないでください。そういった経験が一度でもあると、サークルはイヌにとってイヤな場所になり、中に入りたがらなくなってしまいます。

車内にいつもイヌのスペースを作っておいてあげると、車内がそのイヌにとってのくつろぎのスペースになります。

車での移動のためにハウス・トレーニングを

愛犬が成長するにつれて、自動車を利用しての移動も多くなります。車内では犬は安全のために、ケージやクレートに入れておかなければなりません。「ハウス!」の一言で、クレートに入るしつけが出来ていますと、アウトドアでの遊びも格段に楽しくなりますし、何よりも安全です。自動車の扉を開けた瞬間にイヌが飛び出すことによる事故は意外に多いのです。

子犬のしつけ Q&A

Q **生後60日の子犬ですが、しつけはいつ頃からはじめたらいいのでしょう？　このぐらいの月齢だとあまり厳しくするのもかわいそうな気がしてしまうのですが…。**

A いわゆる「訓練」と呼ばれるものはこの時期にはまだ早過ぎますが、パピートレーニングは必要です。“体のどこの部分を触られても大丈夫なように慣らす”“車の音に慣らす”“耳掃除をしても嫌がらない”など、慣れていなくては困るというものを教えること、つまり社会環境に慣らすことは必要です。

おおむね2～3回程度のワクチン接種後に外に連れ出すことが一般的ですが、それ以前も、室内に閉じ込めっぱなしで外部と遮蔽してしまうというのもよくありません。他人になでてもらったりと知らない人にも慣らすようにし、外の世界に興味をもたせるようにしていくことは大事でしょう。しつけうんぬんよりもまずはパピートレーニング、と考えたほうがいいかと思います。

Q **4ヵ月の子犬です。サークルに入れると出してほしいとずっとワンワンキャンキャン吠えています。あまりに鳴き続けるとついつい根負けして出してしまうのですが、それはやめたほうがいいでしょうか？**

A こうなるのを予防する手だてとしては、ごく早いうちからサークルトレーニングをしておくことです。また、しばらく遊んだあとはサークルの中、というふうにルールを作り、守らせることも大切でしょう。しかし、すでに吠え癖が出ている場合は根負けせずに無視をすることです。Yes、Noをすでに理解しているイヌならばきちんと“イケナイ”ということを教えましょう。静かにしていられるようなら、その状態がいいことなんだよということを教える意味で十分にほめてあげてください。時には運動が足りずに鳴いていることもありますので、十分な運動量を与えることも大切です。

子犬の食事

バランスのとれたフードをきちんと与えましょう。

最初は前の持ち主と同じものを与える

子犬が家にやって来てすぐの場合、フードは前の持ち主、つまりペットショップやブリーダーからそれまで食べていたドッグフードの種類と銘柄を聞き、それと同じものを用意しましょう。回数や分量も変えないように与えます。この期間はドッグフードと新鮮な水だけにして、他のものはなるべく与えないようにします。第1日目は、子犬がしっかり食べたことを確認してください。

フードを切り替えるときは徐々に

子犬が新しい家にも十分に慣れて、そろそろドッグフードを変えてもいいなと思ったら、従来のものに新しいフードを少しずつ混ぜながら与えて慣らしていきます。1日ごとに新しいフードの量を増やし、ゆるい便や下痢、嘔吐などの問題がないかも確認しましょう。10日～2週間様子を見て、問題がなければ、完全に新しいものに切り替えても大丈夫です。

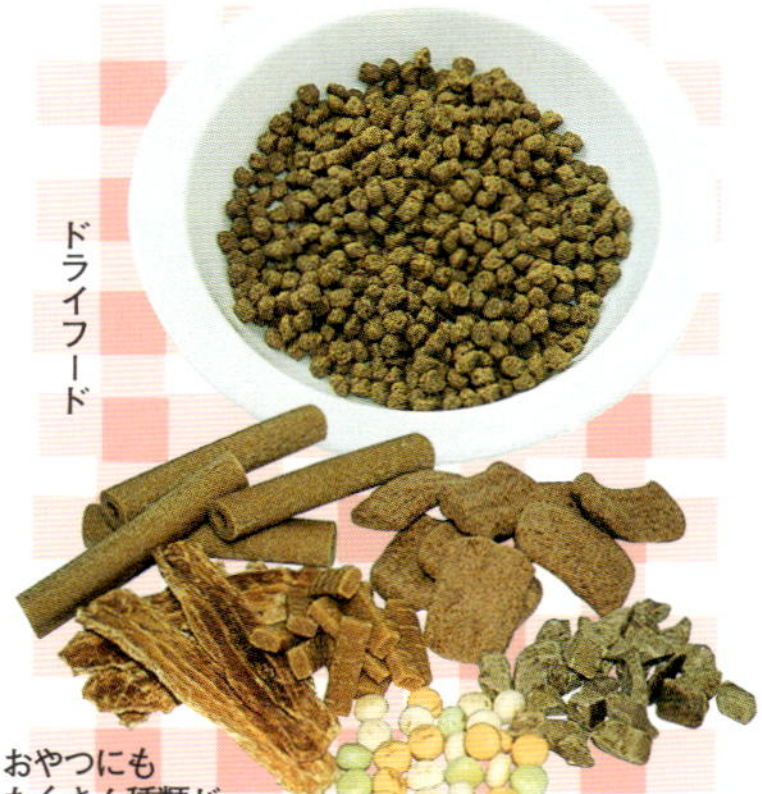

ドライフード

おやつにもたくさん種類があります

フードの量は徐々に便の様子を見て調節

子犬を迎えて10日ほど経ったら、便の様子を見ながら、徐々に食事の分量を加減していきます。便の硬さは、ちょうどティッシュペーパーでつまめるくらいが理想的。それよりコロコロしていたら、食事の量が少なめなので、ちょっとずつ増やしていきます。逆に、やわらかい場合は、量が多めなので、減らしていきましょう。もし、判断に困ったときは、獣医師に相談してください。

栄養価、カロリーともに水準の高い食事を

生後4～5ヵ月までは、消化吸収しやすいように、食事の回数を1日3～4回にわけます。子犬用のドラ

イフードを人肌に温めたイヌ用ミルクかぬるま湯でふやかし、やわらかくして与えましょう。ただし、乳歯から永久歯に変わる時期には、固いものを食べさせて歯の生え変わりを促すことも必要になるので、1日に1度は固いままのフードを与えてもよいでしょう。子犬期の食事は、栄養価が高く、カロリーは成犬の2倍を必要としますが、量を多く与えるのはよくありません。その後、成長に応じて、栄養レベルをやや低い水準に切り替え、徐々に量を増やして胃腸の発達を促していきます。

フードに牛や鶏といった肉類を混ぜる場合は、栄養バランスが偏らないように、その量を食事全体の2割程度におさえ、必要ならカルシウムやビタミン類などの栄養補助食品を加えてもいいでしょう。

また、食事同様に大切なものが水です。ほかの栄養素に比べても、水不足のほうがおそろしいのです。水は血液「輸送」、毒性老廃物の排泄「尿」、熱の発散「蒸発」、生命維持に必要な化学反応の促進「消化、体細胞内」など、正常に機能するためには欠かせません。水は常に新鮮なものを、いつでも飲めるように、たっぷりと用意してあげてください。

ある程度大きくなったら食事を1日2回に

乳歯から永久歯に生え変わるのは、だいたい生後4～6ヵ月のころですが、永久歯に変わったら、食事の回数を1日2回にしてみましょう。1回の量を少しずつ増やし、食事と食事の間に軽くおやつを与えながら、慣らしていくといいでしょう。分量の判断が難しいときには、獣医師に相談してみましょう。この時期は、歯がむずかゆかったり、知恵もついてきてストレスもたまるので、飼育にはとくに気をつかってください。

与えてはいけない食品をチェック！

イヌは人間と違って腸が短く、よく噛んでから飲み込むことをあまりしないので、繊維質の強いものや消化に悪いもの、たとえば、エビ、カニ、タコ、イカ、貝類などは昔から与えないほうがよいと言われています。香辛料などの刺激物もダメ！　また、鶏や鯛の骨は噛むととがってくだけるために、食道や胃腸を傷つける恐れがあります。きちんと除いてから、食べさせましょう。タマネギやチョコレートもイヌには有毒です。

楽しい遊びと散歩

いよいよ待ちに待ったお散歩デビューです。

まずはリードに慣れる練習を

2度目の予防接種をして2週間くらい経つと、そろそろ散歩をしてもいいころになります。ところが、急にリードをつけても、子犬は動きません。そのときのために、前もってリードに慣れさせておく必要があります。まずは、首にリボンをつけて、首にものがついている状態に違和感を覚えないようにさせます。時期をみて、リードをつけて、少しずつ引いてみましょう。イヌと視線を合わせるようにかがみ込んで、やさしく「オイデ」と声をかけ、名前を呼びながら、行います。決して強引にリードで引きずるようなことはしないでください。

初めての散歩はイヌまかせに

ある程度リードに慣れてきたら、外に出てみましょう。歩きはじめる前にリードの長さを決めてください。肩の力を抜いて手を下げ、その状態でイヌをコントロールできる程度の長さに調節します。調節したら、少し腰をかがめ、イヌの名前を呼びながら、おだてるように歩いていきましょう。

散歩は大切な社会勉強

子犬の散歩は初めて世間を知る行為。とても重要な社会勉強になります。アスファルトの道や芝生の公園、車や人込み、ほかの動物たちなど、子犬を取り巻く環境のすべて、成犬になってから出会うと思われる事柄の多くを体験させてあげましょう。

時には怖がってしり込みすることもあると思いますが、そんなときには静かで落ち着ける場所まで抱いて連れていきます。

無理やり引きずるようなことは決してしないでください。まずは外の空気に触れて、歩く喜びを知ってもらうことが目的なので、初めからまっすぐに歩かせようなどとは考えずに、子犬を喜ばせるように気分を高めながら、イヌの行きたい方向に歩かせてあげましょう。

臭いをかぐ行為はやめさせる

外の空気や環境に慣れてきたら、なるべく道路や電柱の臭いをかがせないように歩きましょう。とくに電柱などは、ほかのイヌがオシッコを引っかけてテリトリーを主張するマーキングをしている可能性があるので、不衛生だけでなく、伝染病を移される可能性もあります。イヌの習性としては、臭いをかぎながら歩くものですが、叱ってでも近寄らせないようにしましょう。リードは左手に短く持ち、イヌが横に引こうとしたら、反対方向（真横）にクィッと強く引きます。それを繰り返していると、半径1メートル以内は自由がきかないことを子犬が認識するようになり、自然とまっすぐに歩くようになるのです。また、草むらなどに入れることも、ノミやダニのつく原因になるのでやめさせましょう。

歩く喜びを教えてあげよう

子犬の散歩は１日１回15分くらいが目安です。成犬になると、１日２回30～40分ほどがベストですが、子犬期では、運動するというよりも、歩く喜びを教えてあげるといった感覚で、一緒に散歩を楽しみましょう。

日頃のお手入れ

幼いころから手入れに慣れさせておくととても便利です。

おとなしく手入れをさせるイヌにする

被毛の手入れは、生後6〜7週間ころからはじめます。子犬のうちは被毛も短いので、それほど難しい手入れを行う必要はありませんが、最低限、その日の汚れはその日のうちに落とすように心がけましょう。散歩から帰ったら、まずはあたたかくしたタオルでマッサージをするように体を拭き、次にブラシまたはコームで全体を整えていきます。耳、尾、四肢の順でブラッシングしていきますが、最初子犬は遊んでもらっているかと思い、ブラシにじゃれついてきたりします。子犬をおとなしくさせるためには、まず膝の上に寝そべらせて「ヨーシ、ヨシ」と声をかけ名前を呼びながら静かにリラックスさせます。これを繰り返すことで、子犬はおとなしくすることを覚え、手入れの時間を楽しみに待つようになります。

強引なやり方の手入れはダメ

手入れの時間としては、まず短い時間からはじめ、嫌がるそぶりを見せたら、無理せずやめるようにしましょう。1日ごとに少しずつ時間を延ばしていきます。ブラッシングはやさしく行います。痛い思いをさせると、それに懲りて、以降手入れを

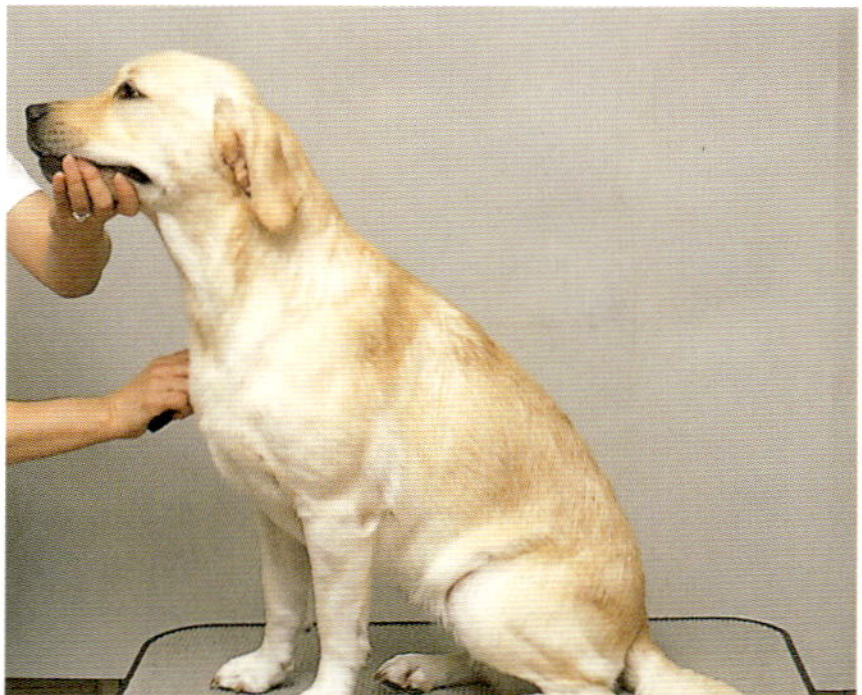

トリミング・テーブルにも子犬の頃から慣れさせてあげるようにしましょう。ポイントはテーブルの上で遊んであげること。テーブルに慣れると、美容室や動物病院などに行ったときに役立ちます。

嫌がるようになってしまいます。そういった場合には、怖がらなくても大丈夫だよ、という気持ちで「ヨーシ、ヨシ」を名前を呼んで、やさしくもつれをとるようにしましょう。いずれにしても、嫌がる子犬に、強引に手入れをすることだけは避けましょう。

怖がらせずにシャンプーをするコツ

子犬をシャンプーするときには、シャワーやドライヤーの音などでこわがらせないためにも、なるべく静かにやさしく行いましょう。シャワーで被毛をぬらす場合、はじめは頭から離れた部分（お尻など）に慣れるまでやさしくかけ、それから全身にかけていきます。顔や耳に直接シャワーがあたらないように注意し、お湯の温度もぬるま湯程度を一定に保つようにします。

シャンプーは手際よく、短時間で済ませます。ラブの子犬の皮膚はとてもデリケートなので、高品質のマイルドな子犬用シャンプーを使ってください。ドライヤーをかけるときも、いきなり子犬に向けず、少し離してドライヤーをかけ、音に慣らしていきます。

少し経ったら、後ろ足から温風をかけて、徐々にボディ、頭へと移動させましょう。皮膚や被毛が完全に乾くまで、しっかりとドライヤーをかけてください。最後にブラシとコームで仕上げます。爪の伸びは早く、すぐに鋭くなってしまうので、定期的に爪の先を落としてあげましょう。

子犬の被毛が生え変わる時期

生後４～８ヵ月にかけて被毛がどんどん抜けていき、子犬は少し醜い姿になってしまうことがあります。この様子を見て、なるべく毛が抜けないようにと手入れをやめてしまう飼い主もいるようですが、これは逆効果です。毎日しっかりブラッシングをして、毛の生え変わりを促してあげてください。

そうすれば、その後新しい被毛が生えて、毛並みの美しいラブへと変身してくれるでしょう。

ソーシャル・ドッグはなぜ、ラブなのか

働く犬たちのことをワーキング・ドッグと 言います。この中には、盲導犬、警察犬、国境警備犬……など、さまざまな働く犬たちが増えてきています。最近では、カビ探知犬、てんかん発作予知犬、地雷探知犬など、新しい分野のワーキング・ドッグが増えてきて、ワーキング・ドッグたちの世界がさらに細分化されています。この中で、盲導犬、聴導犬、災害救助犬など、社会的なサポートをする犬たちのことをソーシャル・ドッグと呼ぶようになりました。

このソーシャル・ドッグの分野で、思いっきり頑張っているのがラブたちです。ソーシャル・ドッグとしてもっとも有名な犬たちといえば、やはり盲導犬です。ご存知のように日本ではほとんどの盲導犬がラブです。しかし最初からラブだったわけではありません。盲導犬1号が登場したのはアメリカですが、その犬はジャーマン・シェパード・ドッグでした。日本における盲導犬1号もシェパード犬です。このシェパードがラブに変わっていった理由はいくつか挙げられますが、そのもっとも大きなものは、ラブが非常にフレンドリーだったからに他なりません。

盲導犬たちは街の中を歩き、いろいろな施設にも入っていきます。そこには犬が嫌いな人たちもたくさんいます。そんな人たちにも優しい印象を持つ犬種であることはとても重要な要素だったのです。空港で活躍する麻薬探知犬にも数多くのラブがいますが、これも同じ理由です。人混みの激しい空港で、周囲の人に威圧感を与えず捜査ができる犬種としてラブは最適なのです。その『人間大好き』のラブの性格を最大限にいかすのが、災害救助犬です。瓦礫や土砂に埋まった人たちを、ラブは一生懸命探しだします。人間を探すのが大好きなラブにとってまさに天職といえるお仕事なのです。

この他にもさまざまな分野でラブは、人間の生活をサポートしてくれています。もしかしたら、私たちはラブのお陰で安心して暮らしていけるのかもしれません。

盲導犬たちは、国内に数ケ所ある盲導犬の訓練センターでトレーニングされます。盲導犬の訓練士になりたい場合には、このような訓練センターに入り、専門の訓練を受けます。盲導犬になるラブたちは専門にブリーディングされた犬たちで、子犬の頃はパピーウォーカーというボランティアの人たちに育てられます。盲導犬を引退すると、やはりボランティアの飼い主に引き取られていきます。

災害救助犬は、専門の訓練士がトレーニングをしたり、一般の飼い主がトレーニングをする場合といくつかのケースがあります。災害救助犬の理想は全国各地にトレーニングがされた犬がいることで（各地に犬がいれば、被災地に近い犬がすぐに捜索に向かうことができるからです）、欧米では、ほとんど一般家庭の犬たちがボランティア活動で参加しています。日本でも多くの一般の人たちが、愛犬と一緒に捜索のトレーニングを受けています。

4
成犬時代の育て方

子犬の頃に比べ、だいぶ落ち着いてくるのが成犬時代です。
一方で、しつけの問題など困ったことも増えてきます。
この章では愛犬とより幸せに暮らすノウハウを紹介します。

成犬になったら、どんな食事？

成犬になったら、食事の回数は1日1回か2回が理想です。

成犬用フードに切り替える

生後10ヵ月頃になったら、成犬用のドッグフードに切り替えます。その場合は、突然変えると、下痢や嘔吐、消化不良を起こすこともあるので、はじめは子犬用フードに成犬用のフードを混ぜて与えるようにし、徐々に変えていきます。

食事の回数は1日2回のイヌもいれば、1回のイヌもいますが、生後1年ぐらいまでは、朝夕2回が平均的な回数です。

便利なドッグフードを上手に利用

現在、イヌを飼っているほとんどの家庭で利用されていると思われるドッグフード。イヌが喜ぶように、見た目や味にさまざまな工夫が凝らされている、バランスの取れた総合栄養食です。

一般的にドッグフードは、水分が含まれている量によって、ドライタイプ、モイストタイプ、ウェットタイプの3タイプに分けられます。中間のセミ・ウェットも人気です。

ドライタイプ

水分は10％程度で、栄養バランスが取れ、保存がききます。値段も手ごろ。固さも噛むとカリカリするほどなので、歯や顎を強くするのにも役立ち、歯石予防に効果があります。

モイストタイプ

肉やチーズ、レバー、卵などを混ぜ合わせた半生タイプで、水分は20～30％。形はサイコロ状、棒状などさまざま。栄養的にはドライと同じくらい優れていますが、やや値段が高く、保存性も劣ります。

ウェットタイプ

肉や魚をペースト状にした缶詰めで、水分が60～78％。嗜好性は3タイプのうち、最も高いのですが、保存が効かないところが難点です。

もしものことを考えて、ドライも食べられるようにしておきましょう。

ドライフードを主にした食事が理想

愛犬に手作りの食事を与えたい場合、一番注意したいのが栄養バランスです。現在、市販されている高品質のドッグフードは、その点で優れているため、ドライをそのまま与え、もしくはビタミンとカルシウムの粉末を混ぜる程度が理想的です。時には、牛、鶏、臓物、チーズなどをフードに混ぜてあげるのも1つの方法です。缶詰めの肉を混ぜてあげてもいいでしょう。肉類などを混ぜるときには、フードの栄養バランスを崩さないためにも、その量を食事全体の２割程度におさえることが大切です。

一定の時間を決めて食事を片づける

基本的には、食事は決まったときに与え、30分ほど出しておいたら、あとは片づけてしまいます。時間内に食べ終わらなくても、次の食事までは与える必要はありません。残しているからといって、別の食べ物を与えたりすると、イヌは食べ残すことによっておいしいものがもらえると、期待するようになります。そして、2~3度同じメニューが続くと、飽きてしまって食べなくなることにもなりかねません。また、いつでも食べ物を置いたままにしておくと、好きな時間に食べたり、遊びながら食べたりする悪習慣をつけさせてしまうので、その意味でも、一定の時間が過ぎたら、片づけるようにしましょう。

傷んだ食事によるトラブルに注意

とくに暑い季節に発生しやすいトラブルは、時間が経って傷んでいるドッグフードを食べさせてしまったことによる食中毒や下痢です。季節を問わず、食事は調理したものをすぐに食べさせて、短時間に食べきってしまうようにします。残ったものはもったいないと思わずに、割り切って捨てたほうがいいでしょう。

要注意!! 肥満は健康の敵

おやつをあげすぎると、アッという間におでぶにっ！

素朴な疑問。なぜ、おでぶになるの？

答えはひとつ、消費するエネルギーより摂取するエネルギーの方が多いからです……などという当たり前の答えをもらっても、飼い主のみなさんには納得できないことでしょう。しかしこれは間違いのない事実なのです。

ラブといえば、どうしても豊富な運動量が頭に浮かびますが、だからといって太りにくいわけではなく、むしろ太っている犬たちを多くみかけます。

その原因はいろいろと考えられますが、愛犬が太るのはすべて飼い主の責任ですので、しっかりとコントロールしましょう。もちろん、食べても太らない体質のイヌもいますので、あなたの愛犬がどんなタイプなのかを見極めてあげるのも飼い主の役目だといえます。

一般的にイヌは『おやつが大好き』という特徴が挙げられます。これも代々脈々と引き継がれているイヌたちの体質で、どんな犬種でも、人間用のおやつはもちろんのこと、イヌ用のおやつも大好きです。元来、おやつは嗜好性が高く作られていますので、一般的に栄養価も高いのです。フードの食べ方が悪いからといって、おやつばかりをあげていると、同じ分量を与えたとしても、どんどんと太ってしまうわけです。おやつの分量はフード以上に考えてあげなければなりません。

もうひとつ、重大な問題があります。飼い主が愛犬の肥満に気がついていないということです。一般的には適正体重の15～20％を超えると肥満といわれますが、この『適正体重』がクセモノで、一体、ラブの適正体重は何キロか、という疑問にぶつかります。適正体重は体の大きさと関係しますので、一概に○○キロ、という数字を出すことができません。いちばんよく分かるのが『見た目』です。

左のページのＢＣＳの表と見比べ

ながら、ウチの子は適正か否かを客観的に判断してみてください。

ダイエットに近道なし

肥満がさまざまな病気の原因となることは、周知の事実です。ＢＣＳの表を見てみて、ウチの子がおでぶと感じたら、すぐにダイエットをすることをおすすめしますが、愛犬の食べ物を欲しがる姿を見ていると、決心がにぶりがちになってしまうものです。もちろん、心を鬼にして取り組まなくてはいけないのですが、ただ闇雲に食事の量を減らすのではなく、カロリー計算をして、適切な分量を与えながら、運動も合わせてやるようにして、体重を減らしていきましょう。いくらおでぶさんだからといっても、急激なダイエットは健康を害してしまいます。もっともベストな方法は獣医師と相談をしながら、段階を追ってダイエットをすることです。

ボディコンディションスコア（BCS）の基準

BCS 1 削痩		理想体重85％以下　体脂肪５％以下	
		肋骨	脂肪に覆われず容易に触知できる
		腰部	皮下脂肪がなく骨格構造が浮き出ている
		腹部	腹部ひだ（abdominal tuck）は深くなり強調された砂時計型を呈する
BCS 2 体重不足		理想体重86-94％　体脂肪6-14％	
		肋骨	ごく薄い脂肪に覆われ容易に触知できる
		腰部	皮下脂肪はわずかで骨格構造が浮き出ている
		腹部	腹部ひだ（abdominal tuck）は深くなり強調された砂時計型を呈する
BCS 3 理想体重		理想体重95-106％　体脂肪15-24％	
		肋骨	わずかに脂肪に覆われ触知できる
		腰部	なだらかな輪郭またはやや厚みのある外見で、薄い皮下脂肪の下に骨格構造が触知できる
		腹部	腹部ひだがあり適度な腰のくびれがある
BCS 4 体重過剰		理想体重107-122％　体脂肪25-34％	
		肋骨	中程度の脂肪に覆われ触知が困難
		腰部	なだらかな輪郭またはやや厚みのある外見で、骨格構造はかろうじて触知できる
		腹部	腹部ひだや腰のくびれはほとんどあるいは全くなく、背面はわずかに横に広がった状態
BCS 5 肥満		理想体重123％以上　体脂肪35％以上	
		肋骨	厚い脂肪に覆われ触知が非常に困難
		腰部	厚みのある外見で骨格構造は触知困難
		腹部	腹部が張り出して下垂し、腰のくびれはなく背面は顕著に広がった状態／脊柱周囲が盛り上がると溝を形成することがある

資料提供：日本ヒルズ・コルゲート（株）　※デザイン改変（編集部）

健康のために、日常の手入れを忘れずに

日常的なお手入れを忘れがちになってしまうラブ、要注意!!

健康な体を維持するために、まずお手入れを

ラブのようなコートを持った中型犬ですと、どうしても毎日のお手入れを忘れがちになってしまいます。というのは、普通の生活を送っている分には、極端にコートが汚れることはありませんし、なにしろ健康的な犬種ですので、放っておいても元気で毎日をすごしているような錯覚になってしまいます。しかし、もちろんそんなことはありません。いくら活発な犬種でもさまざまな病気にかかりますし、不潔なボディが原因となる病気だってあるのです。

そして何よりお手入れが大事なのは、体のあちこちに触れることによって、体の異常を早期に発見することが出来るのです。私たち飼い主が日常的に犬の体に触れるのは、背中であったり、お腹であったり、その程度のものです。しかし、お手入れをすることによって、耳の中や口の中を細かくチェックすることが出来るのです。また、慣れないうちは犬は体に触れられることをイヤがるケースが多いのですが、慣れてくるうちに飼い主に触れられることが嬉しくなってきます。つまり愛犬とのコミュニケーションをはかるためにもお手入れは大切なのです。

家庭でできるグルーミングはどこまで?

カットやトリミングが必要な犬種ですと、やはりプロのグルーマーに手入れをお願いするケースが多いの

水遊びの後には、必ずドライングを

ラブはとにかく水遊びが大好き。水を見たら、居ても立ってもいられず、飛び込んでしまうほど。川や湖などで水遊びをした後には、ドライングを忘れずにしましょう。大きめのタオルでよく水分を拭き取ったら、ベビーパウダーを全身にはたいておくと乾きが早くなります。湿ったままにしておくと皮膚病になってしまうこともあるので、必ず乾かします。

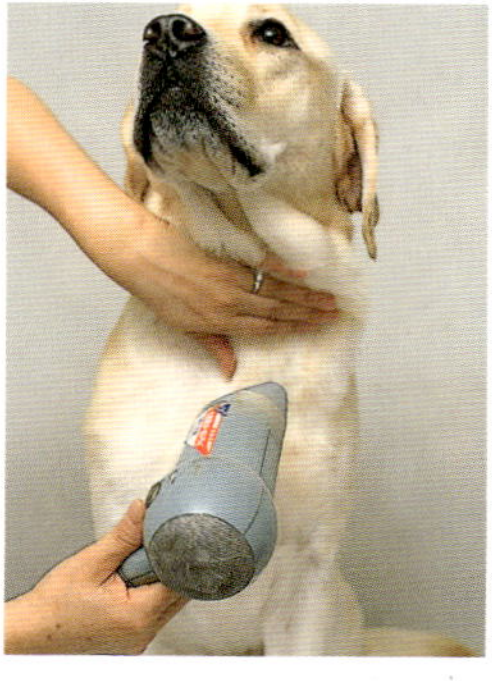

ですが、ラブの場合、一般的には飼い主自らが日常的な手入れをしています。この場合の日常的な手入れと言いますと、シャンプー、爪のカット、耳掃除、歯の手入れなどをさします。どこからどこまでは、飼い主がやらなければならない、といった決まり事は一切ありません。

ただし歯や耳の手入れなどは飼い主がすると極端にイヤがる犬もいますので、どうしても飼い主は手入れを怠りがちになってしまいます。そんな場合は、やはりプロの方にお願いをするべきです。たとえば、シャンプーとブラッシングは自宅でやり、耳と歯は1カ月に一度、美容室で……といったスタイルもいいでしょう。

また、自宅にグルーミング・スペースが無い場合なども、無理して自宅でやるよりは、美容室に出かけた方が、よりていねいでこまやかなお手入れをすることができるでしょう。

プロの方にグルーミングをしてもらうことによって、飼い主では発見できなかった皮膚病などを見つけてもらうこともできますし、他人に体を触ってもらうトレーニングにもなります。

飼い主のいうことはきかなくても、他人のいうことには、意外に素直に従う犬も結構いるものです。

室内で一緒に快適な暮らしをするためには、こまめなお手入れが大切です。

こまめなブラッシングで、換毛期を乗りきる

子犬の頃にはあまり気にならないのですが、成犬の換毛期の抜け毛の量に驚く人もかなりいます。動物ですから、毛が生え変わるのは当然のことで、これを止める方法はありません。こまめにブラッシングをすることで、死毛を早めに取ります。これで室内に飛散することを防止できますので、換毛期には、事前にいつもより大目のブラッシングをします。最近は写真のように、アンダー・コート用の専用ブラシもありますので、こういったものを使うのもいいでしょう。

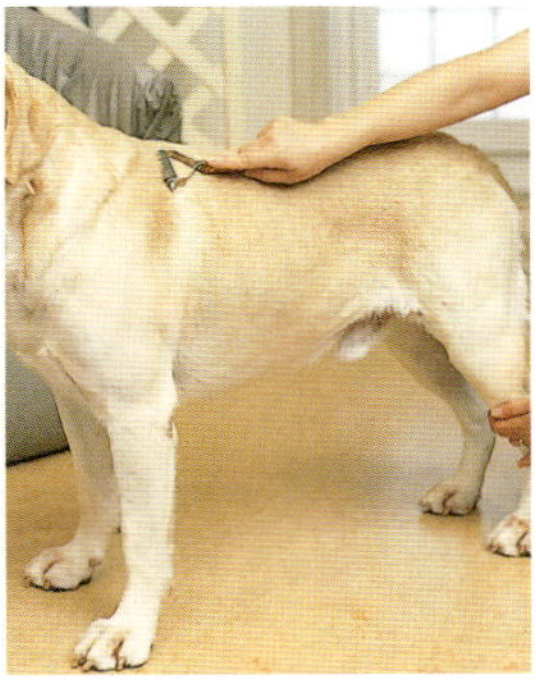

爪切りが上手にできたら、ごほうび

多くの犬がイヤがるのが爪切りです。困ってしまって美容師にお願いする飼い主の人も多いのですが、出来れば自分でやりたいものです。爪切りをイヤがる犬の多くは、過去に痛い思いいをしています。ですからはじめのうちはごく爪先だけを切るようにして、その都度ごほうびを与えるようにします。慣れてきたら徐々に深く切っていくようにします。

最初のうちは、あまり深く切らないようにするのがコツ。

忘れがちな耳そうじも定期的に

ラブのような垂れ耳の犬種の場合、外耳炎などの耳の病気が発生しやすくなります。これを予防するもっとも効果的な方法は耳の中をこまめに掃除をすることです。また、定期的に耳の中の検査をするようにしましょう。耳の中の掃除の方法は脱脂綿や綿棒などで汚れを拭く方法が一般的ですが、しつこい汚れにはイヤー・ローションのような洗浄薬を使うのもいいでしょう。

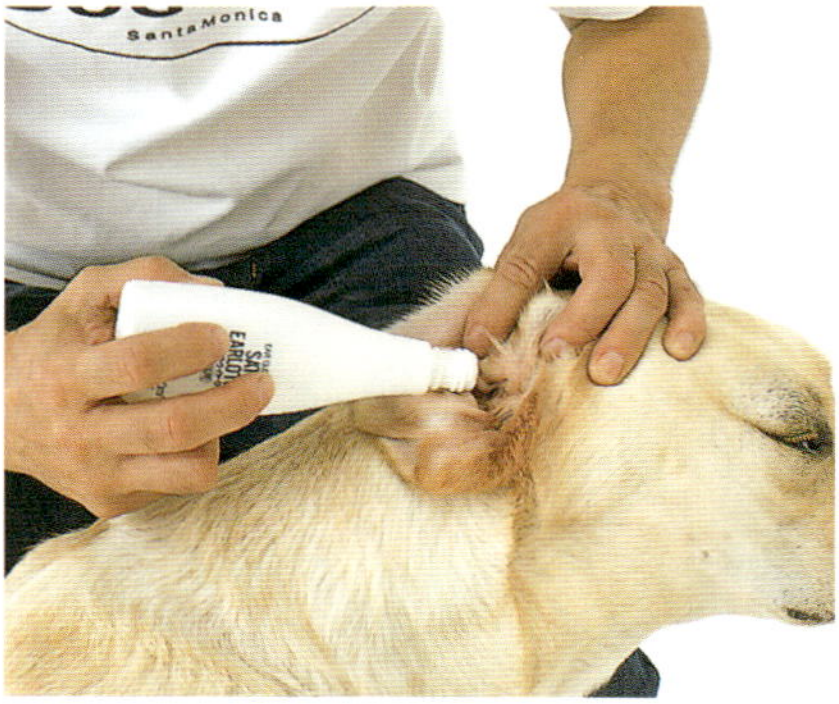

イヤー・ローションを耳の中にさします。ローションには液状のものと粉状のものがあります。

拭き取りきれなかったローションは、犬が首を振ることによって、耳の中から出ていきます。

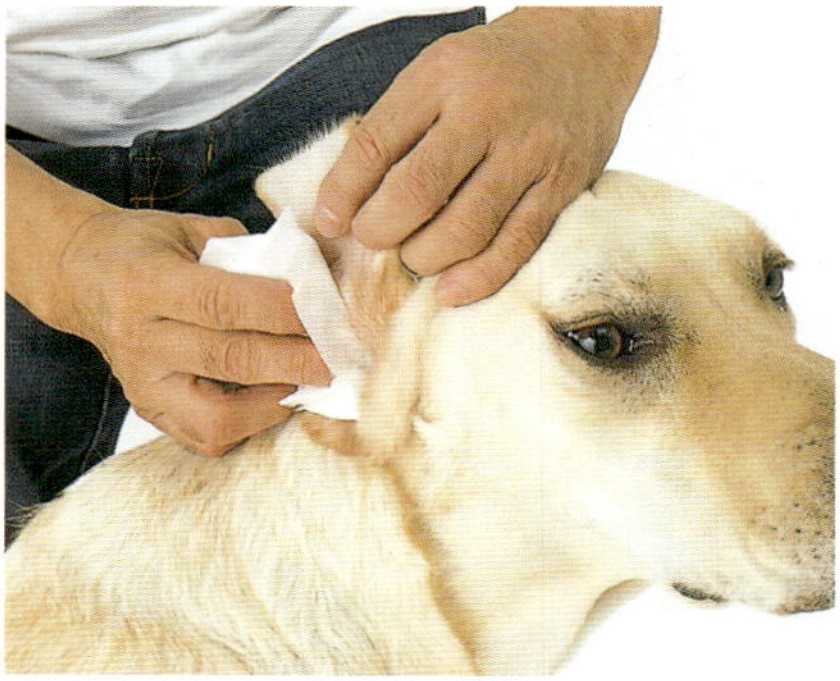

ローションが耳の中にいきわたるように、耳の下側を軽くマッサージした後で、コットンなどでローションを拭き取ります。

歯周病は万病の元。歯ブラシで予防を

日常の手入れとして、欠かすことができないのが『歯みがき』です。方法は人間と同じで、歯ブラシを使って、ていねいに歯を1本1本ブラッシングをしていきます。歯ブラシは人間用のもので十分ですが、犬用のものも販売されていますし、クリーム状や液体の歯磨き粉もペットショップで市販されています。犬はうがいが出来ませんので、これらの歯磨き粉は飲んでも大丈夫のものになっています。

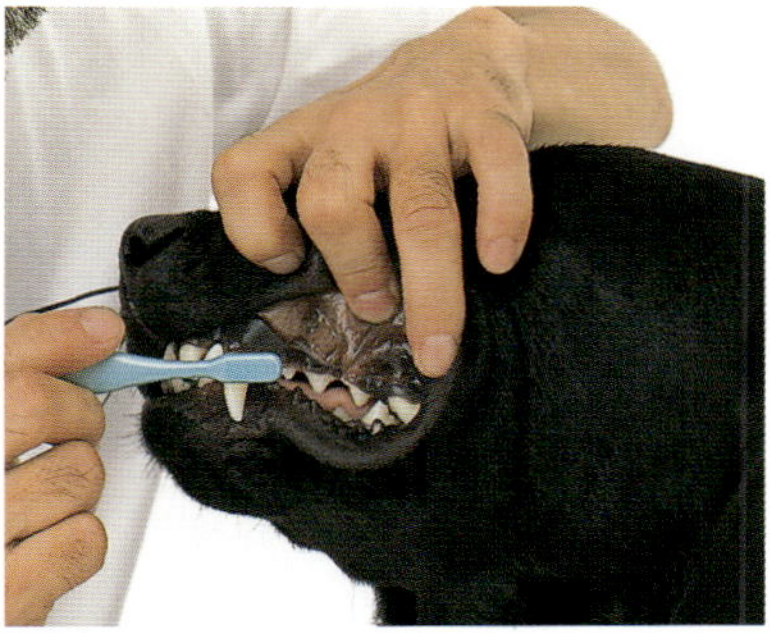

歯ブラシの習慣は子犬の頃からつけるのが大切です。成犬になってからやろうとしてもなかなか口を開けてくれません。

ブラッシングはこまめに そして定期的に

短毛犬種ですと、多くの飼い主の人がブラッシングをなおざりにしてしまいがちです。しかし、ブラッシングはとても重要な意味があります。まず、死毛を除去する役割。死毛を除去しないと、落ちない毛がたまり、そこの部分が皮膚病になるばかりか、ノミやダニの住み家になってしまっているケースもあるので、死毛が上手に除去されていないと、その毛に次の死毛がひっかかりどんどんたまってしまいます。

また、ブラッシングは皮膚の血行をよくします。

犬にとって皮膚は人間以上に重要な部分をもっています。この血行をよくすることは、健康を維持するためにもとても重要なのです。もちろん、ブラッシングを定期的に行うことによって、多くの皮膚病を予防することができますし、被毛、皮膚の異常を発見することもできます。

ブラッシングは全身くまなく行うようにしましょう。

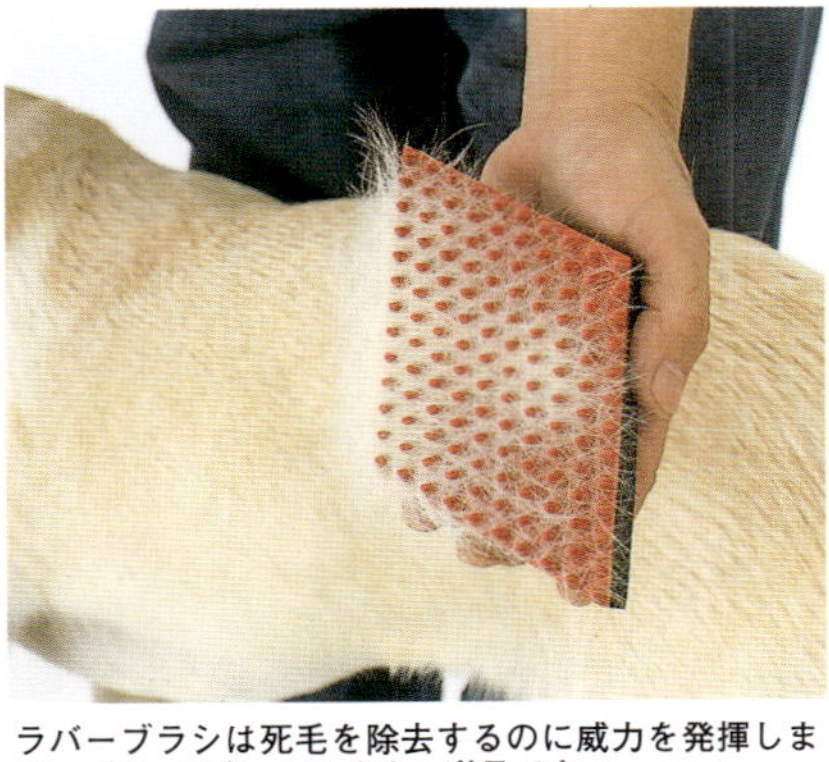

ラバーブラシは死毛を除去するのに威力を発揮します。ぜひ、用意しておきたい道具です。

定期的に全身をくまなくグルーミング

美しいラブになるには、ていねいなグルーミングが必要です。

見た目に美しいラブになるためには、ていねいなグルーミングも必要です。美容室でやってもらうこともできますが、ここではプロのテクニックをご紹介しましょう。

（取材・撮影協力／パラダイス犬舎）

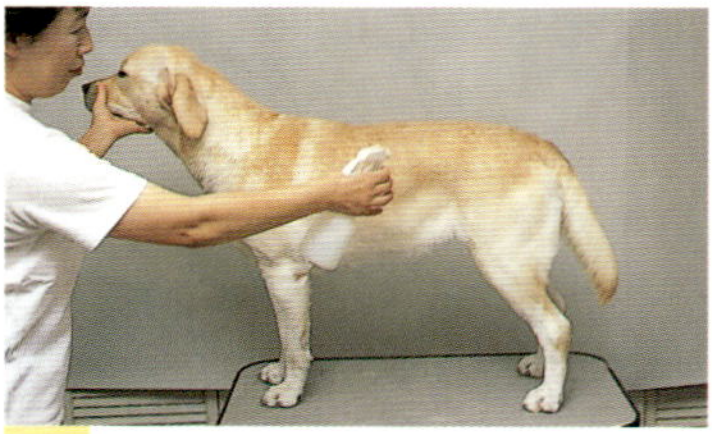

1 キレイな被毛を際立たせるために、ブラッシングの前にコンディショナーをスプレーします。出来れば静電気防止剤が入ったものを選び、全身にスプレーをするようにしましょう。

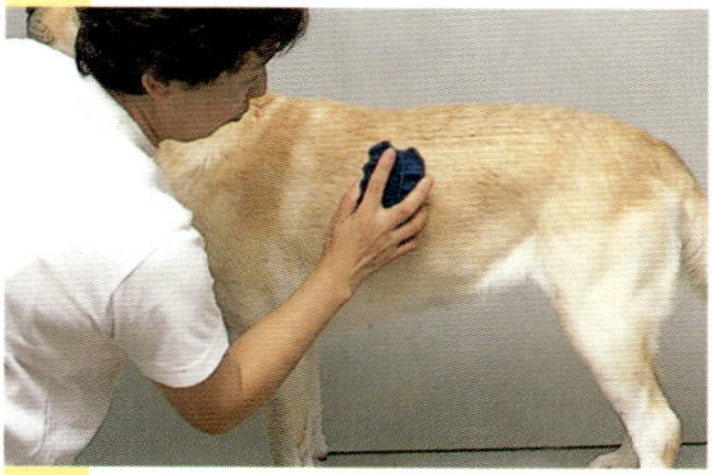

2 ラバーブラシで全身をとかします。ラバーブラシは毛を除去するタイプのブラシですので、力の入れ具合がポイントになります。

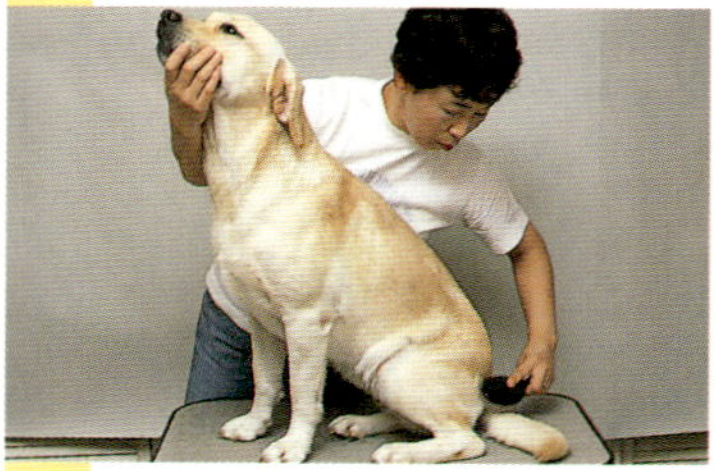

3 次はピンブラシでのブラッシングです。ピンブラシは毛を1本1本といていくブラシですので、毛の根元からしっかりとブラッシングするようにしましょう。

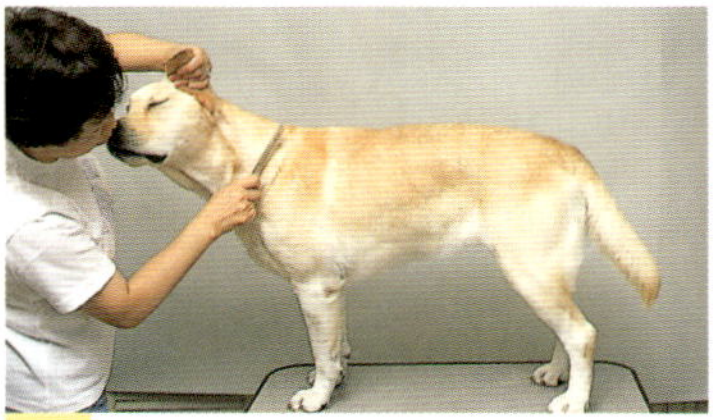

4 さらに毛をほどく意味で、クシを使ったコーミングを行います。目の下や耳の後ろなどの細かい部分は、このコーミングでていねいに手入れをします。

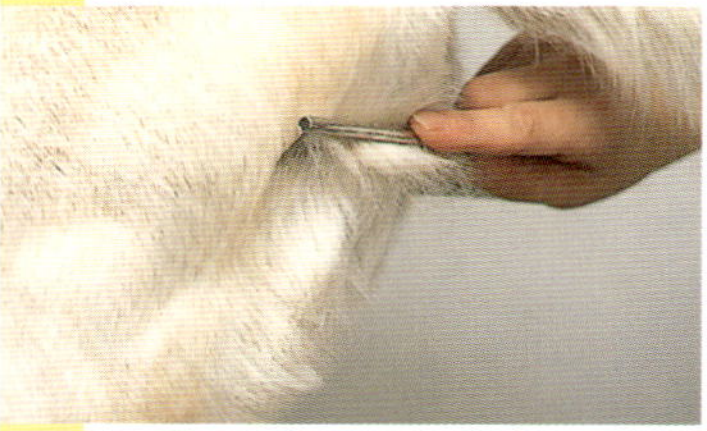

5 見落としがちな太股の裏側もコーミング。抜け毛がたまりやすい部分ですので、コームで毛の1本1本をとらえるようにコーミングします。

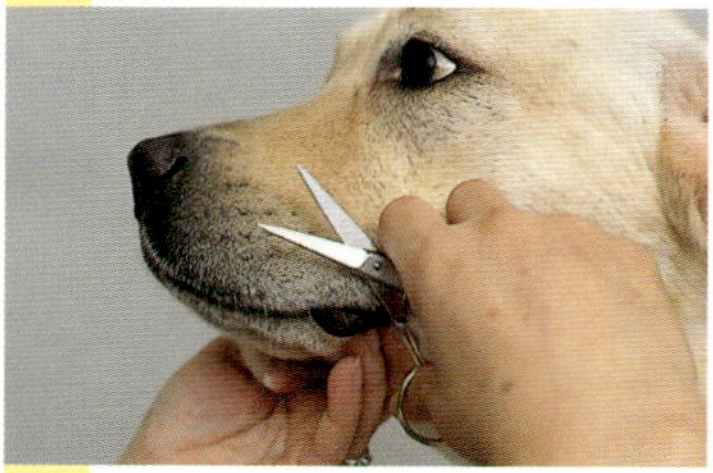

6 ハサミでヒゲをカットします。出来れば刃先の短めなタイプのハサミを用意してカットするとよいでしょう。刃先が犬の鼻先に向かうようにカットしていきます。

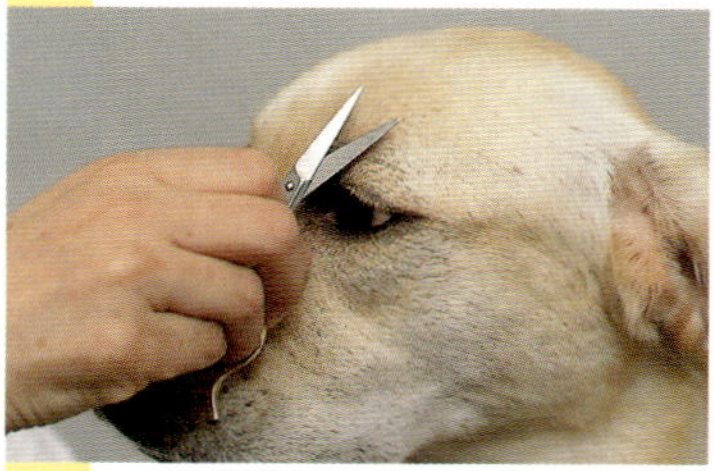

7 眉毛の部分の長い毛もカット。これですっきりとした顔立ちに変身します。

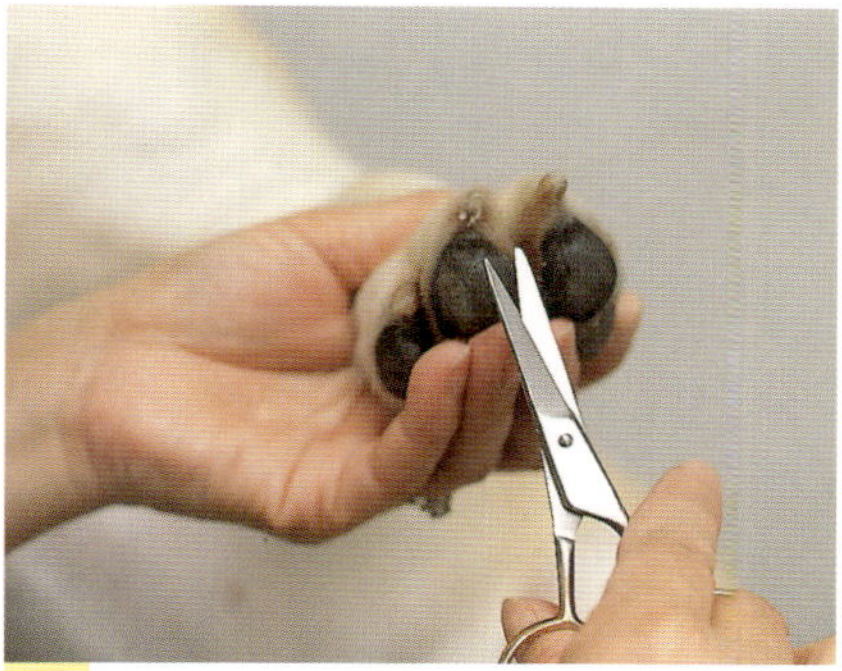

8 指と指の間、パットの間の毛をカットします。こうしておくと、濡れても早く乾きますし、炎症も起こしにくくなります。

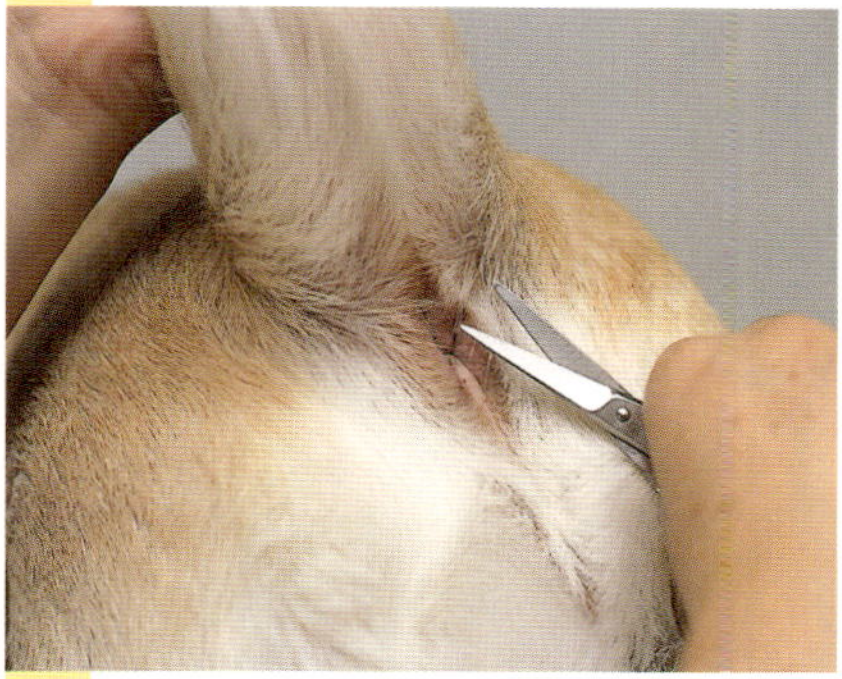

9 肛門周囲の毛もすっきりとカット。自慢のオッター・テイルが引き立つようにカットしましょう。

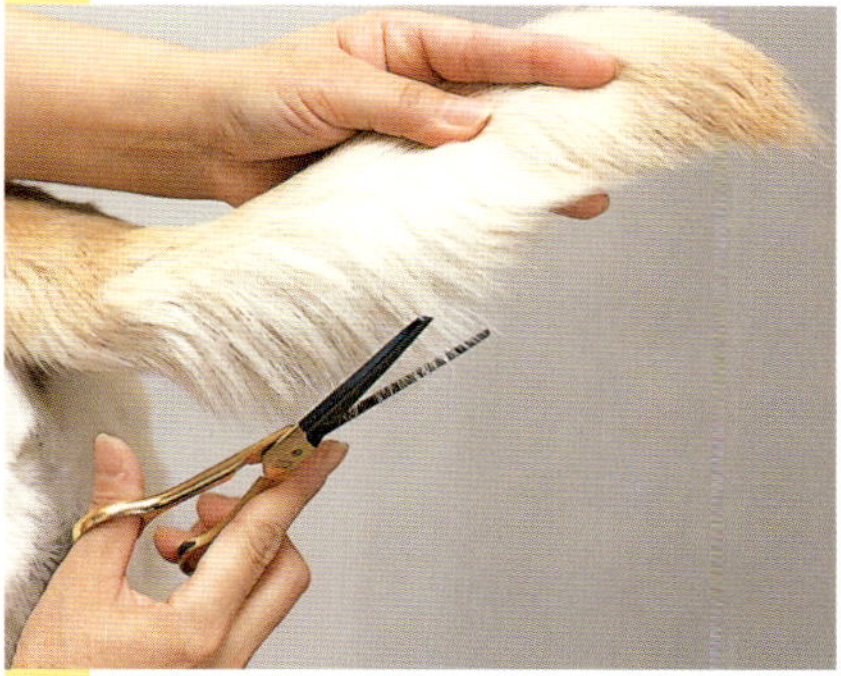

10 さらに美しい毛にするなら、自然な尾に見えるように、スキバサミで尾の飾り毛を切りそろえるようにしましょう。

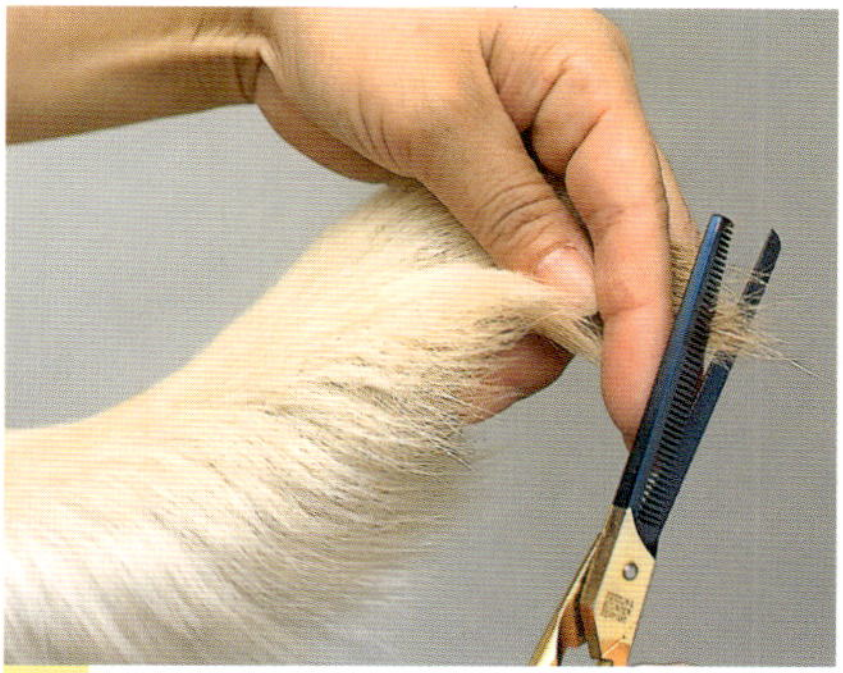

11 尾の先端をつかみ、スキバサミでそろえます。

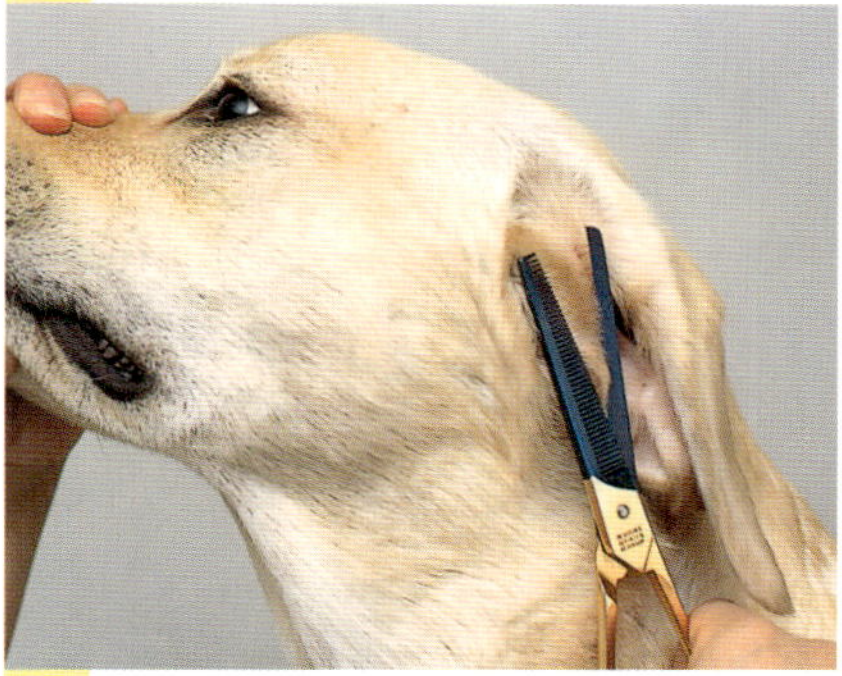

12 耳の付け根の内側の部分をカットしておくと、よりすっきりとします。

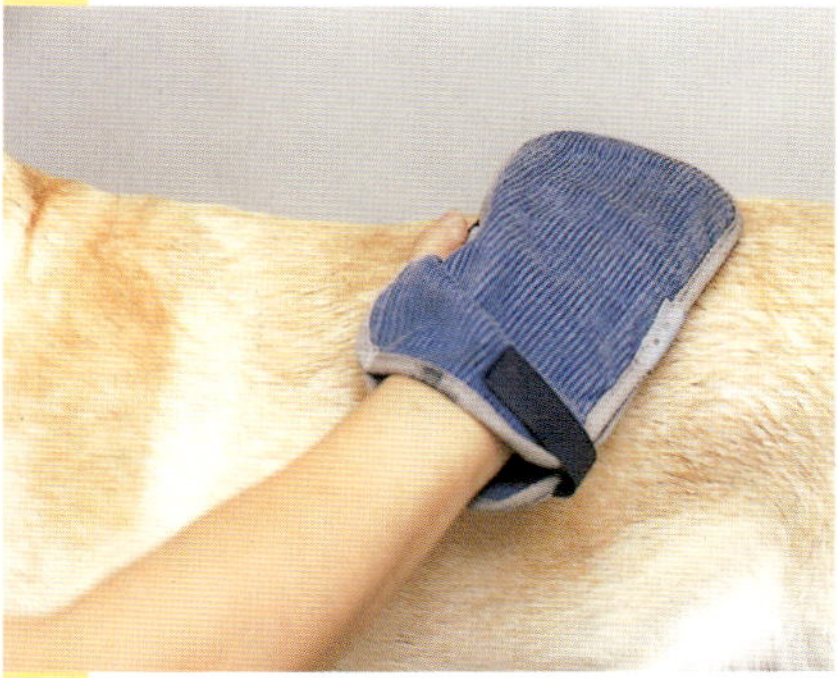

13 グルーミングの仕上げにはグローブでボディをこすると、毛にツヤが出てきます。

ラブの3色被毛、その遺伝の秘密

ラブのとてもキレイな被毛の色は3色。「次はチョコレートのラブが飼いたいな……」なんて、考えている人もきっといることでしょう。犬の被毛の色は毛色の遺伝子で決定されます。すると、ラブの毛色遺伝子は、ブラック、イエロー、チョコレートの３色がある……と考えてしまいがちです。この考え方を基本にすると、チョコレートとブラックの両親から、生まれた子犬は、メンデルの法則で、３：１の割合で、チョコとブラックの毛色の子犬が生まれてくる、と思ってしまいがちです。

しかし実際は大きく違います。ラブの毛色の遺伝子は２種類です。まずひとつの遺伝子はダークかライトかを決める遺伝子。この遺伝子で決定されるのは、ダークな遺伝子を持っている場合には、ブラックかチョコの子犬が生まれ、ライトな遺伝子を持っている場合にはイエローの子犬が生まれるわけです（右表のEの遺伝子）。次の遺伝子はダークの遺伝子が決定している場合、ブラックになるかチョコになるかを決定する遺伝子（右表のBの遺伝子）です。このEとBがからまりあって、3色の被毛のラブたちが生まれるわけです。

チョコレートの色はかなりバリエーションがあります。ここからもチョコレート色が単一の遺伝子から作られた色でないことがわかります。

ラブの毛色遺伝子の種類

（ブラックの犬のシルエット）	B	ブラックの遺伝子
（チョコレートの犬のシルエット）	b	Bの対立遺伝子で、チョコレート色の遺伝子。ブラックに対して劣性遺伝子になります。
Bは優性遺伝子なので、Bがひとつでもあれば、毛色はブラックになります（つまり、BB、Bbいずれもブラックです）。bbの場合にチョコになります。		
（グレーの犬のシルエット）	E	ダークな色（ブラックかチョコ）を出す遺伝子
（イエローの犬のシルエット）	e	Eの対立遺伝子で、ダークな色を出すことができない遺伝子。このeeの遺伝子を持つとイエローになります。
ライトなカラーの遺伝子eは劣性遺伝子ですので、eeという、同じ遺伝子が並ぶホモ状態にならないとイエローの犬は生まれません。bbeeとダークな遺伝子をそひとつも持っていないイエロー・ラブは『ダッドリー』と呼ばれます。		

5
1年間の生活

ラブとの暮らしは季節によって異なります。
楽しい毎日を送るコツは、1年間のスケジュールをたてて、
余裕を持って生活をすることです。

スケジュールをたてると、毎日が楽しい

予防注射、健康診断、競技会……犬の1年は結構忙しいのです。

予防注射は獣医師まかせにせずに

生後1年をすぎた頃から、段々と成犬の生活に変わっていきます。そしてこの生活は老年期を迎えるまで、ほぼ同じスケジュールで1年間が経過するといえます。予防注射や感染症に関する予防対策など、ひとつのペースを作ると、忘れることなく、安心した1年をすごすことができます。

たとえば、春先に行われるフィラリア（病気の内容については、132ページを参照してください）の予防など、定期的に通っている動物病院から、その季節になると、お知らせのハガキが届いたりもしますが、やはり自分でスケジュールを把握しておきたいものです。

動物病院によっては、さまざまな予防注射をする前に、健康診断をすすめるケースがあります。この健康診断を1年のスケジュールにきちんと組み込んでおけば、春から秋にかけての行楽、スポーツにも安心して取り組むことができます。健康診断をしない病院では、自分なりに1年のスケジュールの中に、健康診断日を設けるといいでしょう。やはりおすすめの季節は春です。

季節の対応も、予定を立てていれば万全

ラブは元々、猟をしていた犬たちなので健康な犬種といえますが、都会暮らしのラブたちは、すっかりそ

1月
年間スケジュールをたてる
正月休みを利用して、1年間のスケジュールをたててみましょう。

2月
健康状態のチェックを
風邪などを引きやすい季節です。じっくりと健康チェックを。

3月
天気のよい日に大掃除
春に向けて、暖かい天気の良い日にサークルや犬舎の大掃除をおすすめ。

4月
健康診断は、ぜひ、この月に
寄生虫の予防シーズンに先駆けて、健康診断を受けましょう。

5月
ノミ・ダニの徹底駆除スタート
愛犬の天敵である、ノミ・ダニが動き始める季節です。要注意!!

の環境になじんでいます。夏の暑い日にに、熱射病の心配もありますし、寒い日には、ストーブの前でジッとしている寒がりのラブだっています。「イギリスの荒れた大地で育った犬だから……」などと、時代錯誤なスパルタ教育はせずに、日本の風土に合わせて、おだやかな環境を作ってあげることも、健康な毎日を送るためには重要です。そのためには、暑い夏に必要な道具、はたまた寒い冬に必要な道具などは、その季節になる前に用意をしておくことをおすすめします。デパート商戦と同様、暑くなってから慌ててペット・ショップにクーラー・マットなどを購入に行っても、すでに商品は秋物に変わっていることがままあります。また、最近はさまざまな快適・健康グッズが販売されていますが、売っているショップもいろいろですので、良い物を選ぼうとすると、事前の知識も必要となってきます。

　そんな点においても、スケジュールをたてておくと、充実した生活を送ることができます。

『健康手帳』のすすめ

　スケジュールを立てるときに、とても役立つのが『健康手帳』です。メーカーや動物病院などで市販しているものもありますが、自分の愛犬のためのオンリーワンの健康手帳を作ることをおすすめします。内容は通院の記録、いつ、予防接種を受けたか、体重の変化……など、いろいろな項目が考えられます。また、このような健康手帳は被災時にも、とても役立ちます。地震や災害などの場合、動物保護センターなどにやむなく愛犬を預けなければならないケースがあります。そんなとき、この記録がとても重要になるのです。

6月　皮膚病チェックはこまめに
犬の大嫌いな梅雨シーズン到来!!ブラッシングなどで皮膚を健康に。

7月　晴れた日には、とにかく掃除を
まだ雨の降る日もありますが、晴れた日には、サークルなどの天日干しを。

8月　暑さ対策は万全ですか
室内飼いでも、外飼いでも、とにかく暑さに対する防御は完璧に。

9月　いよいよスポーツ・シーズン
ラブの大好きな季節が始まります。スポーツ・スケジュールをたてましょう。

10月　目標をたてることが、上達の秘訣
スポーツ・スケジュールに会わせて行動開始。今シーズンのスポーツの目標を作ります。

11月　秋の大掃除も忘れずに
冬に向けて、大掃除をしましょう。除菌・消毒も忘れずに。

12月　子犬、高齢犬は寒さ対策を忘れずに
本格的な冬に入る前に、タオルなどを冬用の暖かい物にチェンジ!!

春。ブラッシングで健康的なボディ管理

抜け毛のシーズン。健康な体は健康な被毛から。

抜け毛対策は、とにかくこまめなブラッシング

多くの犬たちが冬毛から夏毛に生え変わるのが、春先です。子犬の頃は換毛をしませんので、はじめて換毛シーズンを迎えて驚いてしまう飼い主も多くいます。抜けてしまった毛は死んでしまった毛なので、早めに除去することが大切です。ブラッシングをこまめにすることで、より早く死毛を処理できますので、室内に毛が飛び散ることを最小限に抑えることもできますし、皮膚の血行をよくし、健康な状態に保つことができます。

　室内で飼われていることの多い日本の犬たちは、徐々に季節に関係なく換毛するケースが増えてくるようになりました。換毛期はいつからいつまで、と時期を限定できなくなってきています。つまり「春だからブラッシング」というよりは、毛が抜けているようであれば、季節に関わらず、いつでもブラッシングをするように心がけましょう。

フィラリア症対策を忘れずに

この季節、もうひとつ忘れてはならないことがあります。フィラリア症の予防です。

　フィラリア症は蚊が媒介する病気ですので、「ウチは蚊がいないから大丈夫」という解釈をする飼い主もいますが、散歩やベランダでも蚊に刺されますので、やはり予防をしなければなりません。

　蚊の発生時期は地域によって異りますので、早めの準備が必要です。

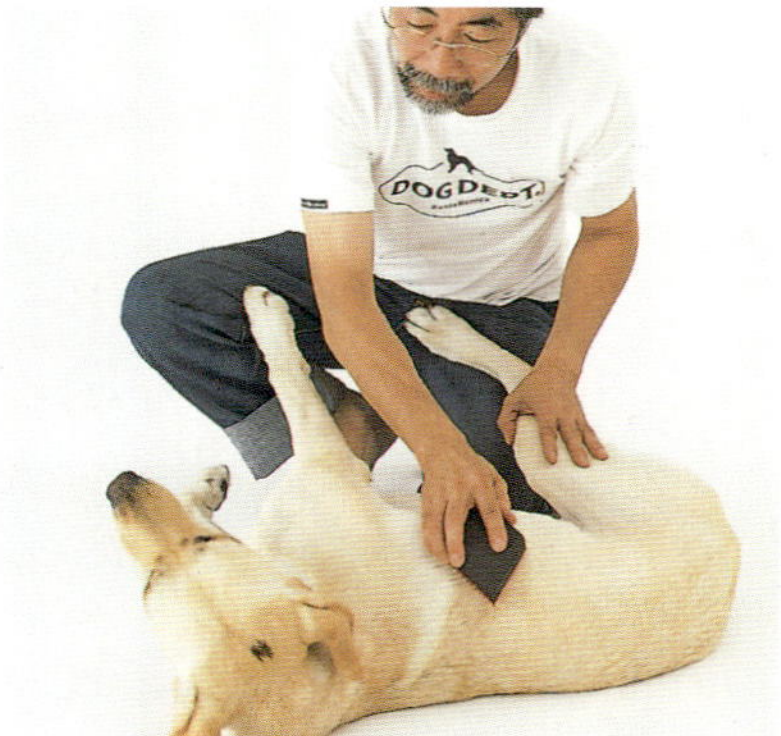

換毛のためのブラッシングは、室内やお風呂場など、他人の迷惑にならない場所でするようにしましょう。公園やベランダなど、毛が周囲に飛び散るような場所でしてはいけません。

ノミの駆除は徹底的な室内の掃除から

皮膚アレルギーなど、ノミが犬たちに及ぼす影響が大きな問題になっています。『ノミの駆除』というと、とかく犬の体についているノミのことばかりを考えてしまいますが、犬たちの体についているノミは全体の5%にすぎません。では残りの 95%はどこにいるのかといえば、卵やさなぎなどの状態で室内にいるのです〈ノミは犬の体に卵を産み落としますが、その卵は犬の体から室内に落ちます〉。この95%を駆除しなければ、ほとんど意味がありません。95%を駆除するもっとも効果的な方法は、『徹底した掃除』です。じゅうたんやソファなどの間にひそむ95%を掃除機などで除去するのです。ちなみにノミは卵からサナギに至るまで、そのままの状態で室内で冬を越しています。

錠剤の飲ませ方 1

小さくくだいてフードに混ぜたり、おやつにしのばせます。

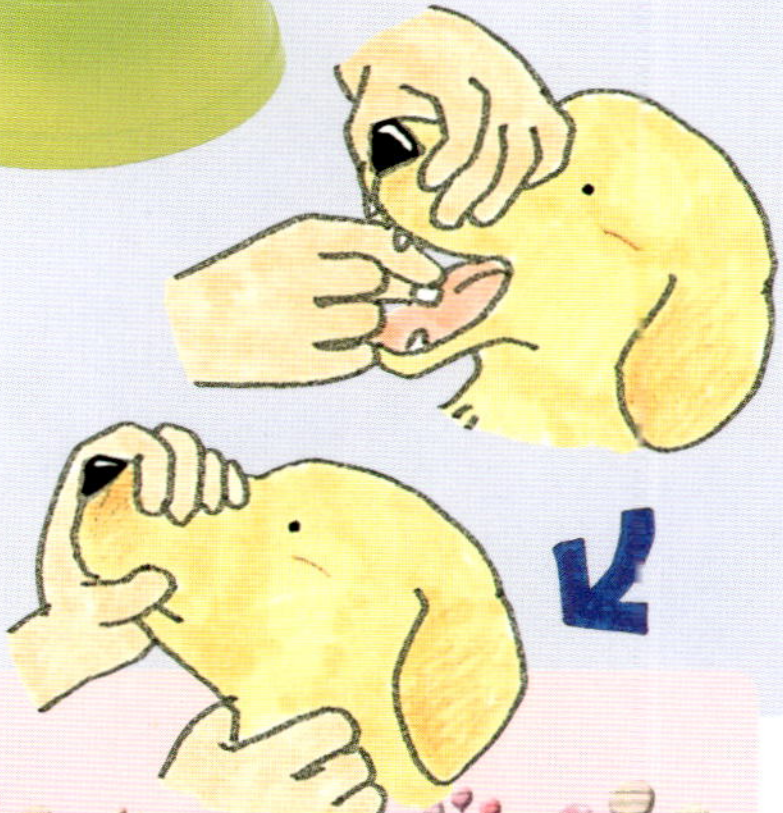

錠剤の飲ませ方 2

一般的にフィラリア症の予防薬は、5月頃から月に一度のペースで錠剤を服用します。錠剤は、写真のように、まず、マズルをつかんで犬の口を開かせ、片方の手で、錠剤を舌の上に置きます。次に口を手で閉じて、マズルを押さえ、飲み込ませるようにします。

夏。暑さ対策と、寄生虫駆除が重要課題

この季節、体調をこわす犬が意外と多いのです。

覚えておくこと。『犬は暑いのが苦手』

とにかく犬は暑いのが苦手です。人間では大丈夫な暑さでも、熱中症にかかってしまう犬はたくさんいます。飼い主としてはいつも頭のどこかに『犬は暑いのが苦手』ということをとどめておくことが重要です。たとえば、ちょっとした外出や、車の中に犬を入れたまま離れるときなど、ありえない状況で熱中症にかかってしまうこともあるのです。

もちろん日常の生活にも配慮が必要です。長時間、家を留守にする場合には、室温が上がる午後あたりから、自動的にクーラーが入るようにタイマーをセットしたり、ペット用のクーラー・マットなどを用意してあげましょう。熱中症の対処方法については、126ページに紹介してあるので参考にしてください。

一般的に初期症状としては、ぐったりとして動かなくなります。そういった動作を示すようになったら、無理をせずに涼しい場所に入るようにしましょう。また、陽射しの強い時間帯の散歩は絶対に避けなければなりません。

ノミやダニを寄せ付けない方法

どんなに気をくばっていても、この季節、ノミやダニが愛犬の体についてきてしまいます。鉄則としては、ついてしまったノミやダニはすみや

食事や衛生管理も忘れずに

夏にもうひとつ多いのが『食中毒』です。いつもはよく食べる犬が食べたがらなかったり、食事を残すようであれば、まず第1にフードの内容を確認してみてください。ドライフードは腐らない、と思いがちですが、腐りますし、また、この季節、カビが発生することもよくあります。夏場はフードは少量のものを購入し、常に新鮮なフードを与えるようにしましょう。オヤツ類やガムなどにも注意してください。

アウトドアでは愛犬にも万全な防虫を

夏休みには多くの犬たちが、キャンプやピクニックなどのレジャーなどに出かけます。こんなときにも、というか、こんなときこそ防虫に気を使わなければなりません。ペット用の虫よけスプレーなども市販されていますので、こういった商品を準備していくと、アウトドアで突然、蚊の大群が押し寄せてきても、安心して遊ぶことが出来ます。キャンプなど、夜通しアウトドアですごすときには、オーソドックスな蚊取り線香や虫よけランタンなどが意外と威力を発揮します。忘れずに準備するようにしましよう。犬が一緒にいる場合、蚊はまず、犬の方を狙います。自分が蚊に刺されていないからと、安心してしまうのは禁物です。また、外で飼っている場合には、日常的に防虫に心がけてください。

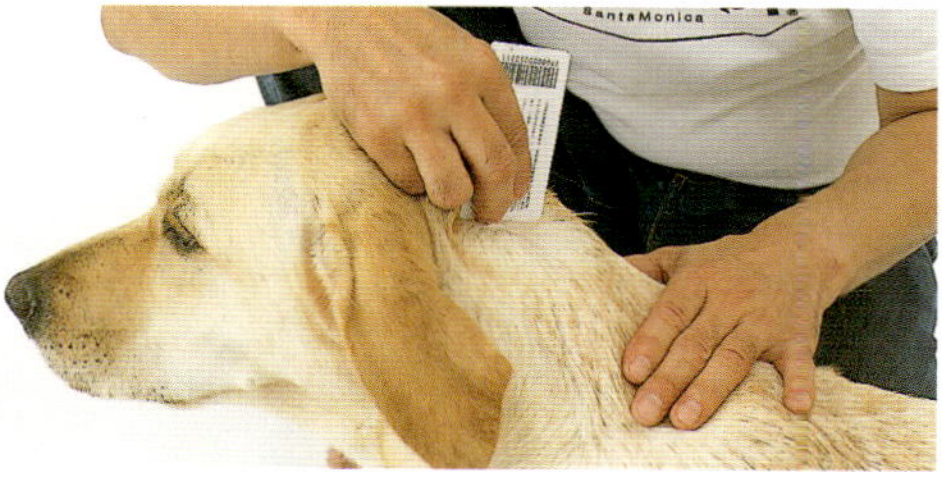

夏にアウトドアでよく目にするのがマダニの寄生。マダニは犬の体について血を吸い、みるみると小豆ぐらいの大きさになってしまいます。動物病院で取ってもらうのがもっとも安全ですが、アウトドアでは、とりあえず、カードなどを使って取ります。この場合、角がある頭の部分が犬の体内に残ってしまうので、刺された場所を覚えておいて、後から動物病院で消毒をしてもらいます。

かに除去すること。「後でいいや」などと思っていると、二次感染をして、違う病気になってしまうこともあります。

ノミ・ダニをシャットアウトする薬も

ノミ・ダニを駆除する薬も多く市販されています。ここ数年で主流となってきているのは、駆除より1歩前に進んだ、『忌避する薬』です。『スポット・オン』方式と呼ばれる薬で、首のあたりに薬剤を垂らします。この薬剤が皮膚にノミやダニが寄生することを防いでくれます。

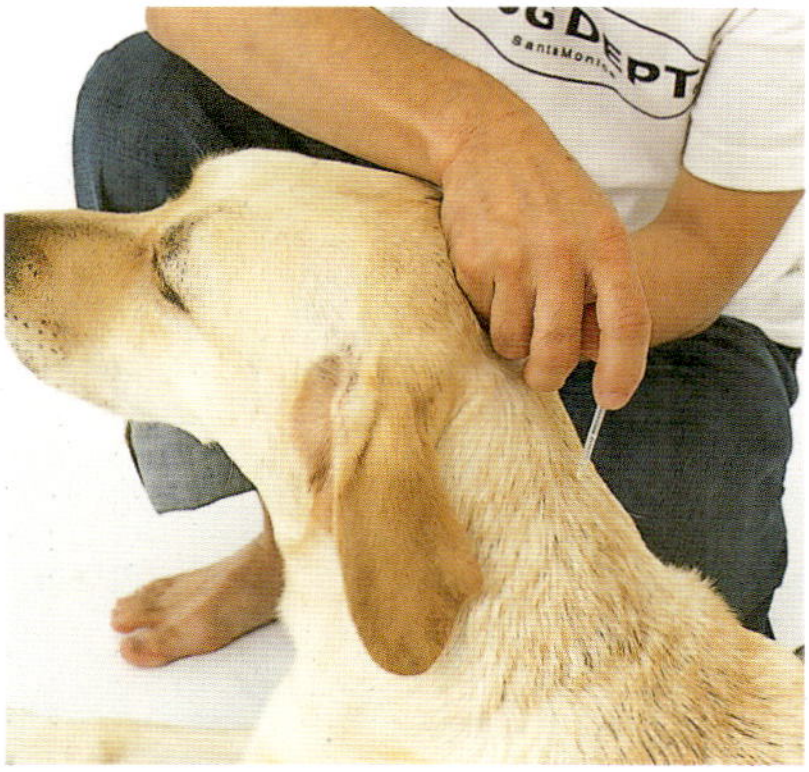

秋。いよいよ本格的なスポーツシーズン

夏バテが出るのもこの頃。体調チェックも忘れずに。

夏バテに要注意

いよいよ、ラブにとってもっとも快適な季節がやってきました。ただし、夏の疲れ、いわゆる夏バテが出てくるのも、実はこの頃です。また、若犬期のイヌが内因性の病気（遺伝性の疾患）を発病するのも、意外とこの時期が多いのです。ぐったりしている状態が長く続いたり、嘔吐の繰り返し、便の異常などが数日間にわたるようであれば、大事をとって動物病院で診断をしてもらうようにしましょう。

スポーツは、健康診断を受けてから

元気な犬であっても、快適な季節になったからといって、突然、スポーツを始めるのではなく、やはり健康診断を受けてから始めることをおすすめします。また、スポーツの前には、左ページにあるストレッチングなどをして、必ず筋肉をほぐしてから始めるようにしましょう。夏の間、あまり活発な運動をしていなかった犬たちが、突然過激なスポーツをすると、筋肉や骨を痛めてしまうこともあります。犬は自分の体調管理が出来ませんから、飼い主がしっかりと管理をしてあげなければなりません。

動物病院で、どのようなスポーツをするのかを相談すると、それに合った検査をしてもらうことができます。

秋といえばラブも肥える？

馬も肥える秋ですから、ラブだって当然放っておけば太ってしまいます。なぜかといえば、犬だって、この季節、何を食べても美味しいですので、食欲がどんどんと増すのです。どんなラブがおでぶなのかは60ページを参照してください。しかしスポーツ大好きのラブはダイエットも比較的簡単に出来ます。ストレス解消の意味も含めて、やはり秋はスポーツをおすすめします。

ラブのスポーツストレッチング

スポーツ・ドッグのストレッチングは欧米ではもはや常識です。ここでは飼い主が簡単に出来るストレッチングの方法を紹介します。

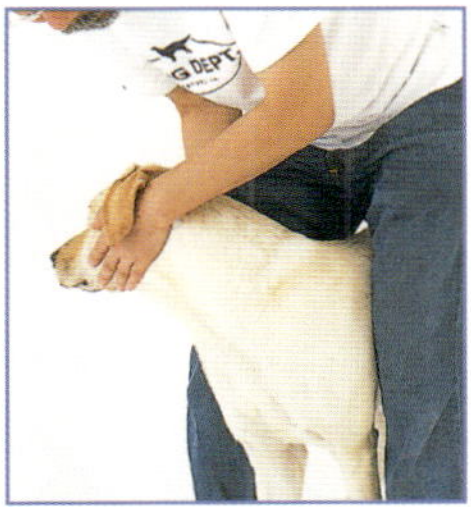

首のストレッチング

ラブの顔を前方にして、犬をまたぎ挟み込むようにします。顎を両手で挟むようにして、ゆっくりと右と左に回します。自然に止まる場所まで曲げるようにします。

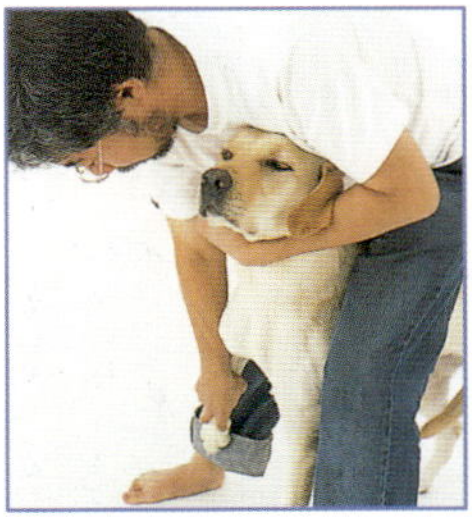
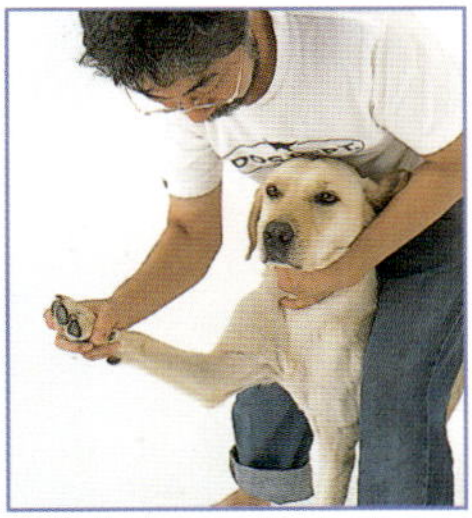

前足と肩のストレッチング

前足の肘の部分を持って、ゆっくりと前方に伸ばし、続いて後方に引っ張るようにします。足に問題のない犬であれば柔軟に曲がります。

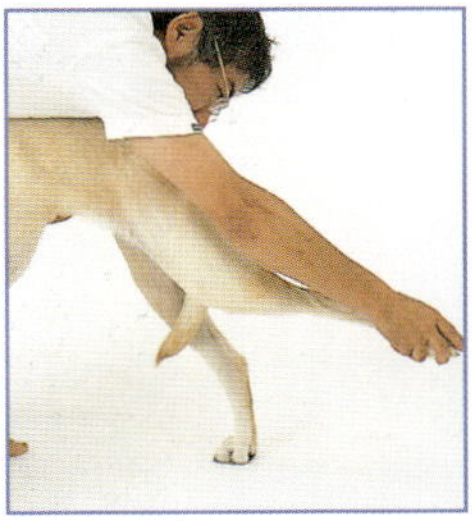
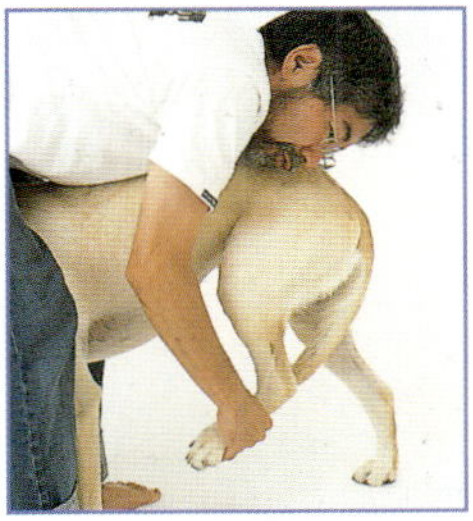

後ろ足のストレッチング

まず、後ろ足の膝の部分を持って、ゆっくりと大きく前後させます。次に、腰を押さえながら、後ろ足を上下させるように屈伸します。

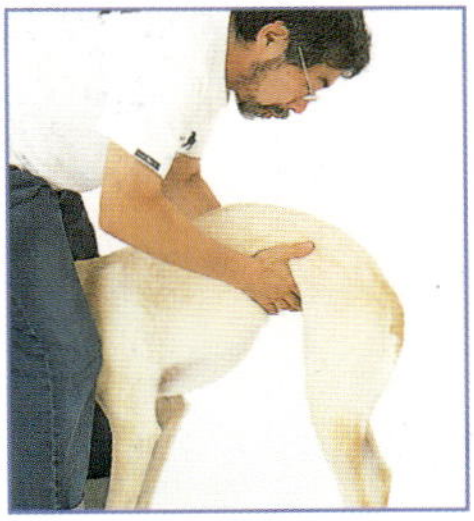
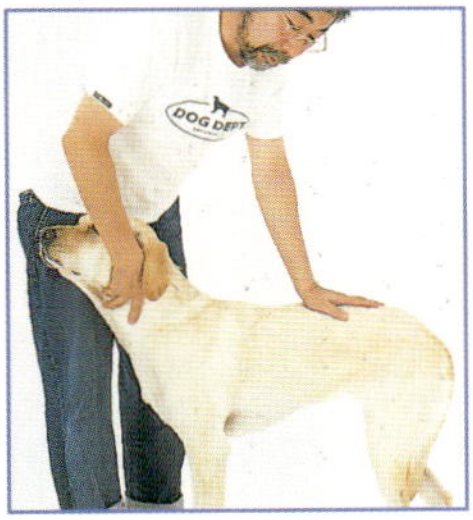

背中のストレッチング

背骨をもみほぐすようにゆっくりと押します。押しながら、背骨の状況を確認するといいでしょう。続いて腹側を押さえて背中全体を押すようにします。

冬。適度な防寒対策と、運動不足解消を

意外と忘れがちな防寒対策。寒がりのラブもいます。

ラブといえど、防寒対策を忘れずに

まず、わが家のラブのサークルのある場所を確認してみてください。廊下の端や、普段、人の出入りのない場所ですと、すきま風が入っていたり、寒暖の差が激しい場所であることに気がつかないケースがあります。どんな時間帯であっても極端な寒さがない場所にサークルを移動してあげましょう。

また、外で飼っている場合には、犬舎を日当たりのいい場所に移動してあげたり、暖かい毛布などを用意するなどの配慮をしてあげたいものです。ラブは比較的寒さに強い犬種ですが、長時間の寒さはやはり健康に影響を及ぼすこともあります。体力の弱っている高齢犬は、冬の間は室内飼いをすることをおすすめします。

ただし成犬の場合、寒いからといって、散歩や運動をおろそかにしてはいけません。春や秋と同じペースで運動をするようにしましょう。寒い朝などは、どうしても飼い主が出不精になってしまいがちですが、同じ時間帯に散歩をする必要はありませんので、暖かい陽射しになる時間に散歩に出かけてももちろんかまいません。

雪遊びの後は、しっかりと被毛を乾かしましょう

犬ぞりやスキー・ジョアリングな

風邪は万病の元？

冬は風邪や気管支系の病気が犬でも多くなります。たかが風邪といっても高齢犬や子犬では大病の引きがねになってしまうこともありますので、風邪の症状が見られたら、動物病院で診てもらうようにしましょう。とくに高齢犬では、寒い季節には出来るだけシャンプーを控えるようにしましょう。どうしてもシャンプーをしなければならない場合には、暖かい昼間のうちにすませるようにします。

ど、ウインター・スポーツを楽しむラブも増えてきています。運動性能が高い犬種なので、シベリアン・ハスキーなどの北方犬種とスポーツ面では堂々と渡り合いますが、ハスキーほど撥水能力のある被毛はしていません。雪に触れれば被毛は湿ってきますので、スポーツが終わった後は、必ずきちんと乾かすようにしてあげましょう。

毛が濡れたままにしておきますと、風邪をひくだけでなく、皮膚病の原因になったりもします。ラブは比較的皮膚の弱い犬種ですので、濡れた毛をそのままにしていてはいけません。また、長時間雪の上で遊んだ後などは、肉球が凍傷するケースもありますので、足先のチェックも怠らないようにしましょう。中には低体温症という症状を呈する犬もいます。これは長い時間寒い場所にいることによって、体温がどんどんと下がってしまうものです。ガタガタ震えてきたり、動きが鈍くなった場合などは、体を暖かくして、室内や車内で休むようにしましょう。

ラブは、ウインター・スポーツも大得意です。

暖房器具のいたずらに注意!!

暖房器具は犬にとっても快適な道具ですが、いたずらラブには注意が必要です。こたつや電気カーペットのコードをかじって感電したり、ストーブに触ってしまって感電したりなどの事故もたくさんあります（感電によるショックの対処方法は125ページに紹介しています）。

そのような事故を予防するためのアイデアも必要です。たとえばコードはテープで巻いて床に固定したり、電気ストーブには赤ちゃんネットのような防護柵を立てたりしてもいいでしょう。

イギリスの自然の中で活躍しているラブたちも、一度暖かい環境を体験すると、暖かい場所が好きになるようで、冬の間はこたつにもぐって寝ているラブもいるほど。

しかし事故にはくれぐれも注意をしなければなりません。

あなたの愛犬の心は大丈夫？

ちょっと愛犬に留守番をさせて、家に戻ってみると、ソファの足は歯の跡でガリガリ、ゴミ箱はひっくりかえり、ティッシュが部屋中に散乱。部屋の隅にはウンチが！　実はこれ、よく愛犬の『問題行動』と勘違いする人がいますが、必ずしもそうではありません。そこで、考えられるもうひとつが『分離不安』、つまり心の病気です。分離不安は、飼い主に対する依存心が高すぎるために、飼い主が出かけたりして離れると（その関係が分離の危機に陥ると）、異常なほどに不安を感じてしまい、出かける素振りを察知しただけでガタガタと震え出す、トイレ以外の場所で粗相をする、物を噛んだり破壊行動に出る、ウロウロとして落ち着かない、無駄吠えをする、自分の肢など体の一部をしきりに舐める、などの行動がみられます。また、分離不安による問題行動を「ひとりにさせたから、腹いせにやったのね」という解釈をする飼い主がいますが、腹いせとはつまり『復讐』ということになりますが、犬にはそのような心理行動はありません。

分離不安自己診断テスト

Q あなたの愛犬は、あなたの留守中に

- □ 戸、床、家具などを引っかいたり、噛んだりしていませんか?
- □ してはいけないところで排尿、排便をしていませんか
- □ 過剰に吠えたりしていませんか
- □ 何も問題はない

ひとつでもあてはまるなら

- □ あなたの愛犬は、あなたの後をいつもついて回りますか?
- □ あなたが家に戻ってくると愛犬は、過剰に喜んであなたを迎えますか?

ひとつでもあてはまるなら

- □ あなたの愛犬は、かつて困った問題を起こしたことがありますか
- □ よだれをたらすことがある
- □ 自分の皮膚や肢をいつもなめている
- □ とくに気のついたことはない

ひとつでもあてはまるなら

A　B　C

アドバイス

A 分離不安症の兆候がみられます、獣医師へ相談ください

B もしかしたら他の疾患が原因かもしれません。獣医師へ相談してください

C 安心してください。あなたの愛犬はおりこうに留守番ができています

※資料提供　ノバルティス　アニマル　ヘルス（株）

6
トレーニング

きちんと正しいトレーニングをすることが、
上達への一番の早道です。
回り道のようでも、しっかりと段階を追って
トレーニングしましょう。

『学習させる』ことが、上達のコツ

頭がいいから、飼い主と一緒におぼえていきます。

利口だから トレーニングはいらない?

とかく頭のいい犬種と評されるラブ。この『頭がいい』ことが、時折、大きな誤解を招いてしまうことがあります。どんな誤解なのかというと、それは「頭がいいから、トレーニングをしなくても大丈夫」というものです。

これは大きな勘違いです。というよりは、むしろ、正反対の間違いです。頭がいい犬種だからこそ、しっかりとトレーニングをしなければなりません。

ラブのように、利口といわれる犬種たちは、常に、自分の興味のあることを探しています。飼い主がその興味を犬に与えてあげることができないと、自分で面白いことを見つけだします。面白いこととはテーブルの足や柱を噛んでしまったり、人に飛びつくような行動です。放っておくと『問題行動』といわれる行動を得意げにやってしまう犬に成長してしまうこともあります。むしろ頭のいい犬こそ、飼い主のしっかりとしたしつけが必要となってくるのです。

犬が理解をするように トレーニングすること

では、どんなトレーニングの方法がベストなのでしょうか。その方法論のときに、『頭の良さ』を利用します。頭が良い、ということは、『理解力がある』ということなのですが、この能力を伸ばしてあげることが大切なのです。つまり「あれをしなさい」「これをしなさい」といったトレーニングではなく、「これをするとこんなに面白いんだよ」と学習させていくのです。ただ、ボールを追いかけるのではなく、そのボールを持って帰ってきて飼い主に渡すと、次は、もっと遠くへボールが飛んでいくんだ‼といった具合に次の楽しみにつなげるようにトレーニングをしていきます。

そのためには、どんなトレーニングでも、楽しい思い出で終わるようにすることがポイントです。

カラーのかけ方

トレーニングに使われるチェーン・カラーは正しく装着されていないと、飼い主の信号が犬に伝わらないばかりか、犬が苦しい思いをしてしまうこともあります。正しい装着方法をマスターしましょう。

1 犬に対して、Pの字型の向きで、犬の首にかけるようにします。

2 飼い主は左手にチェーンを持って、犬の前に立ちます。くれぐれもチェーンの向きを間違えないように。

3 上の写真のように位置を決め、そのまま顔に通します。こうすればチェーンの位置が無意識に変わってしまうのを防げます。

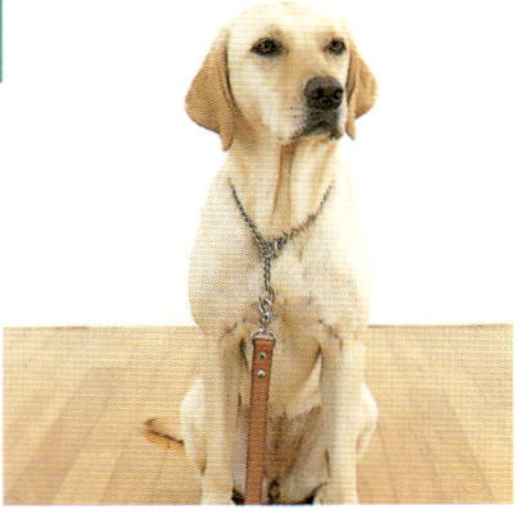

4 首にかかった状態。この位置でリードを持てば、正しい位置での装着が出来ます。

カラーの正しい位置

つけ方同様、とても重要なのは『カラーの正しい位置』です。カラーは写真のように、顎の下にくるように装着します。位置が正しくないと、トレーニングにならないばかりか、犬が苦しい思いをします。正しく装着されていれば、犬には苦痛はありません。

スワレ（停座）

犬のしつけで、もっとも最初に行われるのが、この『スワレ』でしょう。1度覚えてしまえば、さほど難しいしつけではありませんが、どんな状況でもできるようになりましょう。

1

まず最初に大切なのは、自分の左側にきちんと立たせること。そしてその位置からご褒美やボールなどのおもちゃを見せて、「スワレ」のコマンドを言いながら、ご褒美を上方に上げていきます。すると、犬の腰が下がり、スワレの姿勢になります。スワレが上手にできたら、ご褒美やオモチャをあげてほめてあげましょう。

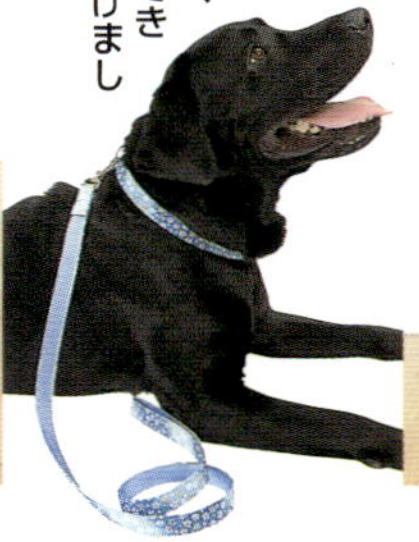

2

もうひとつの方法は「スワレ」のコマンドとともにリードを吊り上げ、腰を手で押さえて座らせる方法です。上手に座れたら、すぐにリードをゆるめて、ほめてあげます。繰り返し練習をして、手を添えないで、コマンドだけで座れるようにします。

犬の言葉『ボディ・ランゲージ』を理解すること

犬のトレーニングはすべて、「トレーニングをすると、いいことがあるんだ!!」と、学習させることから始まります。つまり、どんな仕草をすれば、犬が喜んでいるか、というボディ・ランゲージを知っていなければならないわけです。逆にとてもイヤがっているときにトレーニングをすれば、トレーニングがイヤな記憶につながってしまい、犬はトレーニング嫌いになります。ボディ・ランゲージは人間の言葉のように数多くはありませんが、愛犬が私たちにその気持ちを伝えるには十分の言葉があります。

犬が鼻をなめる仕草はカーミング・シグナル（気持ちをなだめるボディ・ランゲージ）のひとつです。

「まいった!!」のボディ・ランゲージ。この姿勢をトレーニングに用いるインストラクターも数多くいます。

正しいヒール・ポジション

飼い主の真横にくるのが『ヒール・ポジション』です。いつもこの位置にいることを犬に教えます。

散歩をしているときによく見かけるのが、犬に引っ張られている姿。なぜ、引っ張られてしまうのか、そのことについて考える前に、『正しい位置で歩いているか』ということを考えなくてはいけません。脚側歩行で、犬が人の横に着く位置を『ヒール・ポジション』と言います。このヒール・ポジションを犬に教えてあげなければ、犬だって、どの位置で歩くのが正しいのか理解できません。まず、この位置をマスターしましょう。

歩いている場合でも、もちろん『ヒール・ポジション』の位置は変わりません。

リードを正しく持つ

『ヒール・ポジション』の次に重要なのが、『リードの正しい持ち方』です。リードが正しい位置にないと、犬としては『ヒール・ポジション』にいるのに、リードに引っ張られている感覚になり、それが正しい位置なのかどうか認識できなくなってしまうのです。

『手はいつも同じ位置にあること』これは、飼い主がマスターしなければならないことです。

上の写真では、犬が後方にいるので、リードに引っ張られている状態になっています。犬はしっかりとついて来ているので問題ないように見えますが、この習慣をつけると、犬が正しいポジションを学習できません。

フセ（伏臥）

『フセ』の第一段階のトレーニングはおやつやご褒美を前方に差し出したり、リードを前方に引っ張りながら行ったりします。また、スワレの姿勢から前肢を引っ張って、フセをさせる方法もあります。それでもうまく行かない場合には、ここで紹介する方法があります。

1 犬をヒール・ポジションにつけます。すべてのコマンドはこのヒール・ポジションからスタートしましょう。犬をおやつやご褒美を使って下方に下げて行き、犬を誘導して伏せさせます。

2 それでもうまくできない場合には、飼い主が座り、片膝をたてます。

3 飼い主は、おやつやご褒美で誘導しながら、膝の下をくぐらせるようにします。犬が膝の下をくぐったなら、飼い主は左手で犬のお尻を押さえるようにして、愛撫します。

マテ

飼い主のコマンドで待っていられるか、さらに、飼い主が離れてもコマンド通りに待っていられるか、これもしつけの重要な項目のひとつです。すぐにマスターさせようとは思わずに、段階を追ってトレーニングをしていきましょう。

1 ヒール・ポジションで犬を座らせ、次に飼い主は犬と正対した位置に立ち「マテ」とコマンドを出します。

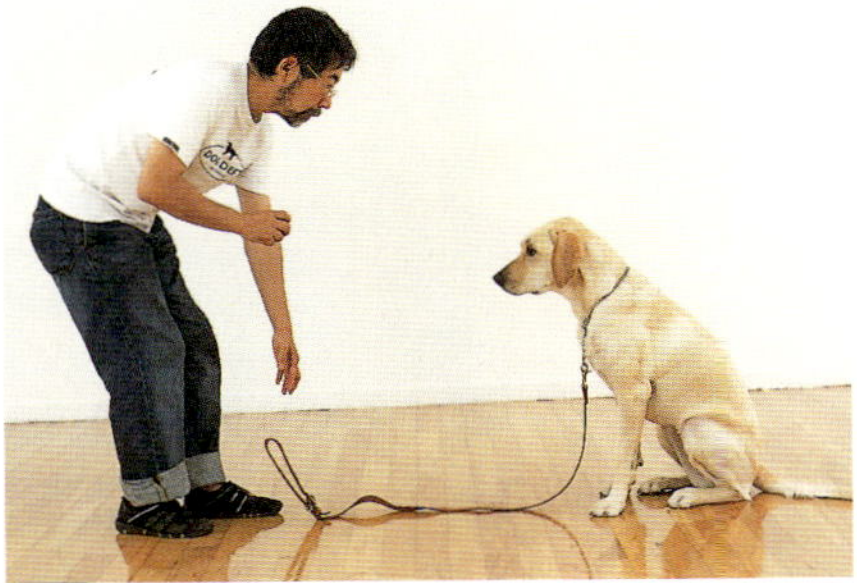

2 「マテ」というコマンドとハンドシグナルを使って、犬を待たせたまま、飼い主が離れます。

3 「マテ」とハンドシグナルで飼い主はさらに離れます。このとき、リードは吊り上げ気味にしておきます。犬が腰を上げようとしたら、すかさず、リードを上げます。

4 はじめのうちは距離をあまりおかず、待っていられたらすぐに戻って犬をほめます。

どうしても引っ張るときの対処法

散歩中に犬に引っ張られる理由は『犬が歩く方向を決定している』ところにあります。飼い主を引っ張って行こうとした場合には、くるっと方向を変えて歩き出します。あくまでも歩く方向は飼い主が決定するのです。

犬が飼い主のそばについて歩くトレーニングとして、『Uターンの繰り返し』を行います。飼い主の体の方向に犬を導くことによって、飼い主と一緒に歩くことを学びます。

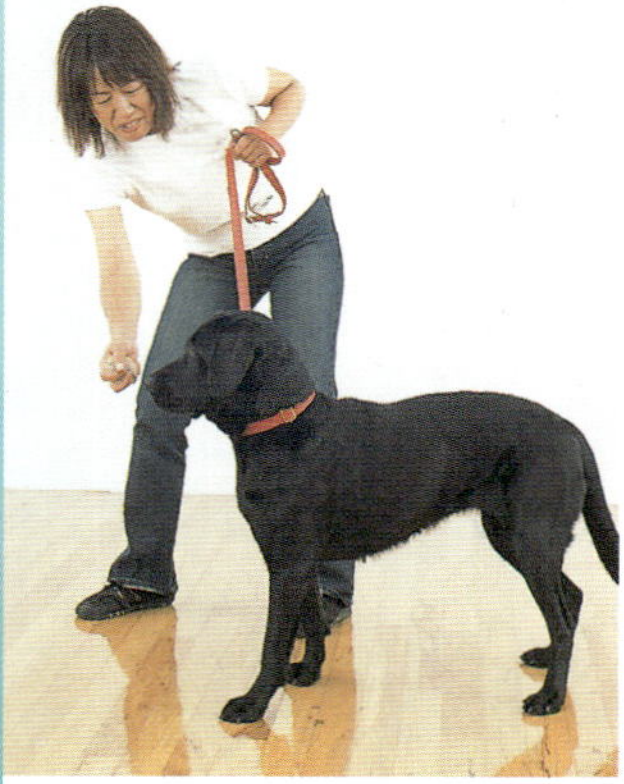

上手に飼い主と一緒に歩いたら、ほめたり遊んであげたりすることを忘れずに。どんなトレーニングでもそうですが、だらだらとやらずに、上手にできたらほめて終了します。

飛びつきをやめさせる

飼い主が大好きな犬や興奮しやすい犬は、よく飛びついてきます。飼い主としては嬉しい反面、サイズの大きい犬だと倒されてしまうこともあります。また、他人に飛びついてしまったら、大きなトラブルになってしまうこともあります。やめさせたい行動のひとつです。

1

かまってもらいたい、飼い主の顔をなめたい……など、犬が飼い主に飛びついてくる理由はたくさんあります。

2

飛びついてきたら、声をかけず、目線も合わせないようにします。徹底して無視を続けます。よくやるのは、「ヤメテ」とか、「ダメ」などの制止の言葉ですが、この言葉も逆効果です。

3

あきらめて、飛びつくのをやめたら、そこではじめて「いいコ」などとほめ、ごほうびを与えます。ただし、興奮しやすい犬はほめすぎると再び飛びついてきますので、ほめるのもほどほどに。

カフェなどでおとなしくしている

愛犬とカフェでコーヒー・タイムを楽しむのは最近では普通の光景です。ただし、このカフェやレストランなどでじっとしていられない犬たちも多くいます。まずは、テーブルの下でしっかりとフセをしていられるようにしなければなりません。

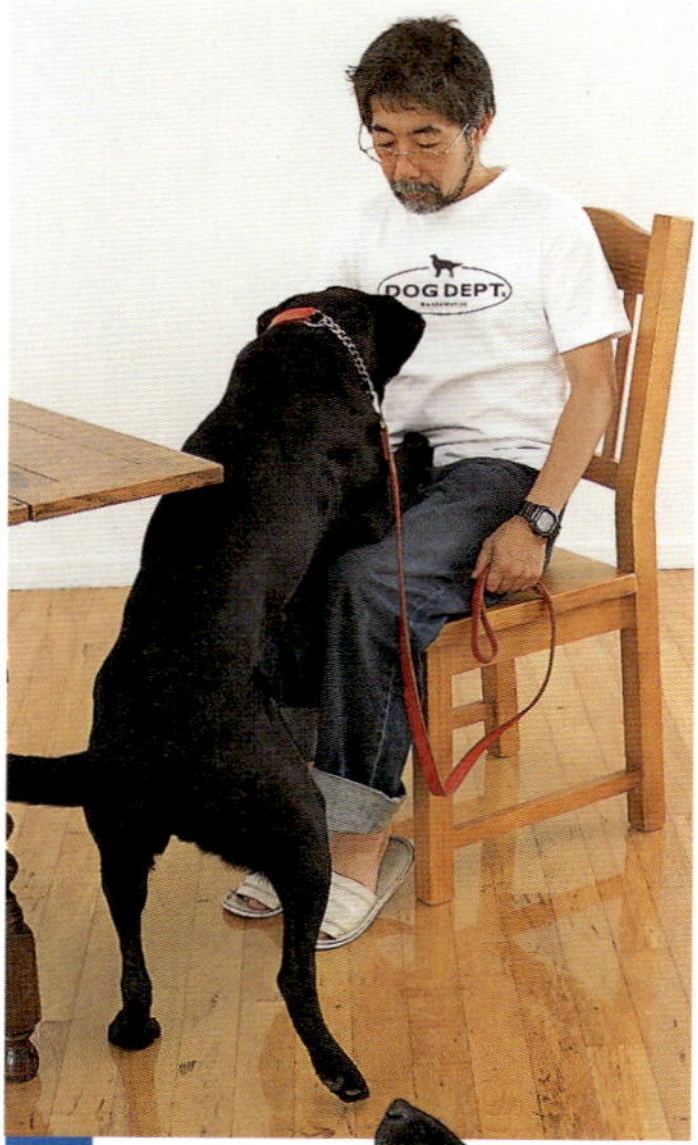

1 カフェなどで時折見かける飼い主への飛びつきシーン。これではゆっくりとコーヒーも飲めませんし、第一、他のお客さまにも迷惑です。

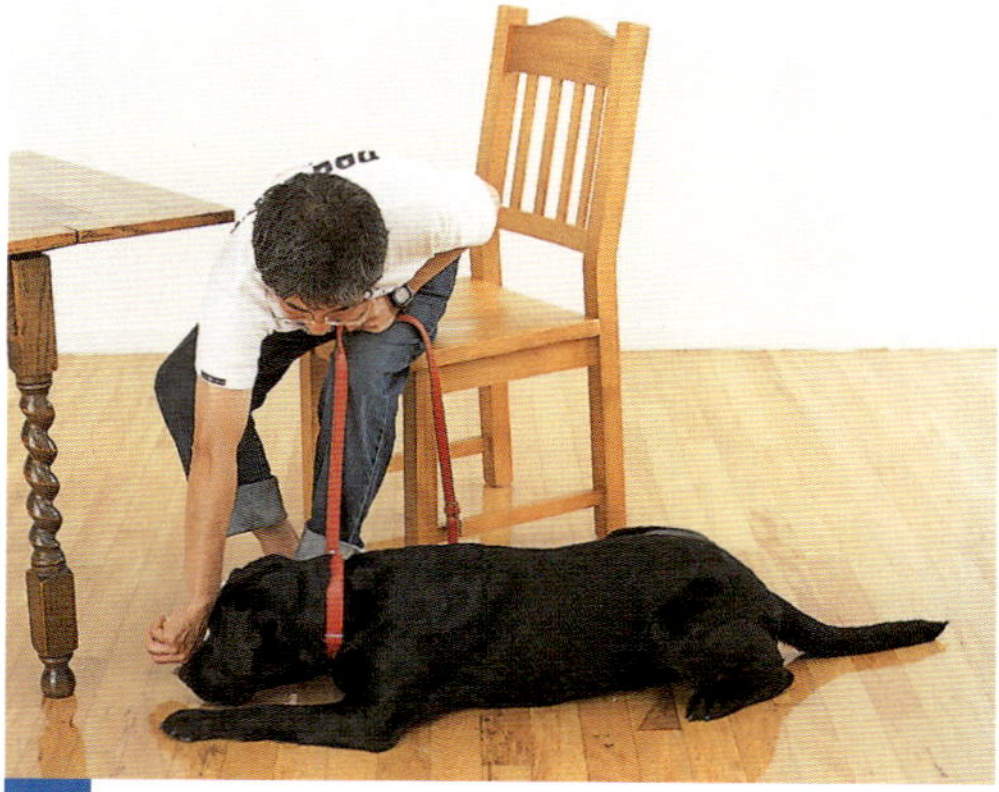

2 トリーツなどのごほうびを鼻先につけて、犬をフセの姿勢に誘導していきます。

3 そのままフセの状態を保つことができたら、「イイコ」とほめてあげるようにします。いつまでも噛んでいられるようなものを最初から持参して、犬の気持ちをそらしておくのもひとつの解決方法です。

グルーミング嫌いを克服するには

日常のグルーミングは出来ることなら、飼い主がやってあげたいものです。しかし痛い思いをしたことがある犬は、なかなか簡単にやらせてはくれないものです。この恐怖感を取り除いて、グルーミングをすると、楽しいことが待っている!! と教えてあげるようにしましょう。

1

ブラッシングが嫌いな犬は、その姿勢をとってブラッシングをしようとすると、手先や腕などを噛んできます。

2

噛んでいる間は、犬を相手にせず無視をするようにします。犬が噛むのをやめるのをひたすら待ちます。

3

お気に入りのガムやトリーツなどを噛ませて、犬の注意をそらせ、少しずつブラッシングをしていくようにします。

拾い喰いをしない犬になるには

食いしん坊のラブは道に落ちている物も何でも食べようとします。落ちている物には串がささっていたり、腐っていたり、毒物の場合もあります。愛犬の身を守るためにも、拾い喰いのクセは治さなければなりません。

1 犬の目の前に好物を見せます。当然、犬は興味を示します。

2 犬の興味を引きながら、その好物を犬の目の前に落とします。

3 犬のリードを軽く引きながら、好物の前を通過させます。

4 そのまま好物の周囲を歩かせた後で、犬をヒールの位置に導いていきます。

5 きちんとヒールの位置につくことができたら、ほめてあげます。

ケンカを上手に終わらせる方法

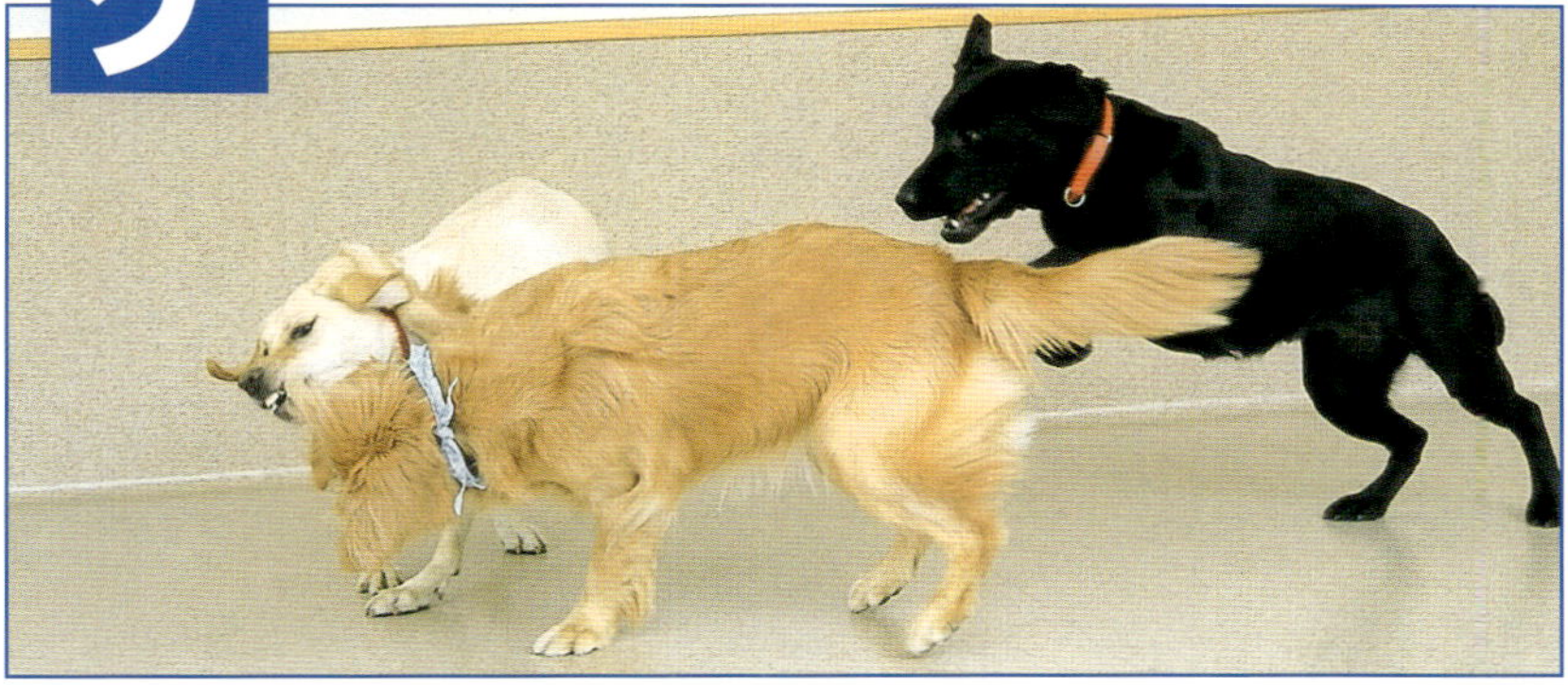

犬のケンカの種類を知ること

犬のケンカにはいくつかの種類があります。まず、子犬時代のケンカの場合は、世間知らずの子犬が遊びたがってかかっている場合がほとんどですので、相手の犬が無視をしてくれている場合には、さほど問題はありません。相手の犬が成犬で、子犬のじゃれつきが気にさわって「ガウッ!!」とした場合には、ほとんどの子犬は引き下がります。これで犬の上下関係が決定されますので、子犬にとってはひとつの社会勉強です。飼い主はあまりナーバスにならなくても大丈夫です。

ケンカを応援する飼い主にならないように

成犬同士のケンカでは、時としたトラブルになってしまうケースがありますので、ケンカの種類の見極めがさらに大切になります。なれない飼い主の場合、自分の犬がケンカをしていると、「ヤメテッ!!」「離れなさい!!」などの、驚きの声をあげてしまう人がいますが、犬はこれを「自分を応援してくれているんだ」と解釈してしまうことが往々にしてあります。とくに飼い主大好きのラブたちは、お母さんやお父さんのために、はりきってケンカをしてしまうのです。飼い主のみなさんは騒がず冷静に対処するのがポイントです。

家庭犬訓練にチャレンジしよう!!

頭がよくて、運動性能も高いラブ。どうトレーニングをするかは、それぞれの飼い主の腕にかかっています。その成果を披露する場所が『訓練競技会』です。

訓練の試験と聞くと、プロの訓練士のための資格かと思ってしまいますが、一般の飼い主たちが出場する試験や競技会もあり、むしろこちらの部門の人気が最近は高まってきています。団体によって、いろいろな競技会がありますが、ここではJKCの競技会について紹介します。

JKCの競技会はCD（コンパニオン・ドッグ）といわれるもので、Ⅰ、Ⅱ、Ⅲ、Xの4つのクラスがあります。CDには『試験』と『競技会』があり、試験科目の各競技の得点が60%、全体で70%以上の得点を獲得すれば合格になります。試験の結果は当日発表で、合格の手続きを終了すると、JKCより『訓練証書』が送られてきます。

CDⅠ（初等科）での訓練試験の科目は、規定科目が『紐付脚側行進』と『常歩行進中の伏臥（普通に歩いて、行進の途中でフセをする）』の２科目です。この他に自由科目が３科目あり、すべての種目は５科目になります。自由科目は『紐無し脚側行進』『停座及び称呼（犬にスワレをさせて、飼い主は犬から離れて呼び戻す）』など、難しいものから優しいものまで、約80の種目があります。中には『チンチン』などの科目もあります。この中から3科目を選ぶわけです（CDⅠの競技会種目は試験種目と異ります）。

つまり、普通に日常のしつけが出来ていれば、どんな犬でもチャレンジできる資格なのです。

【CDⅠ】の競技会種目
1紐付脚側行進（往復常歩）
2紐無し脚側行進（往復常歩）
3停座及び称呼／オスワリから呼び戻し
4伏臥／フセ
5立止（紐無し）／立ったまま待っている

CDⅠが行われるリング

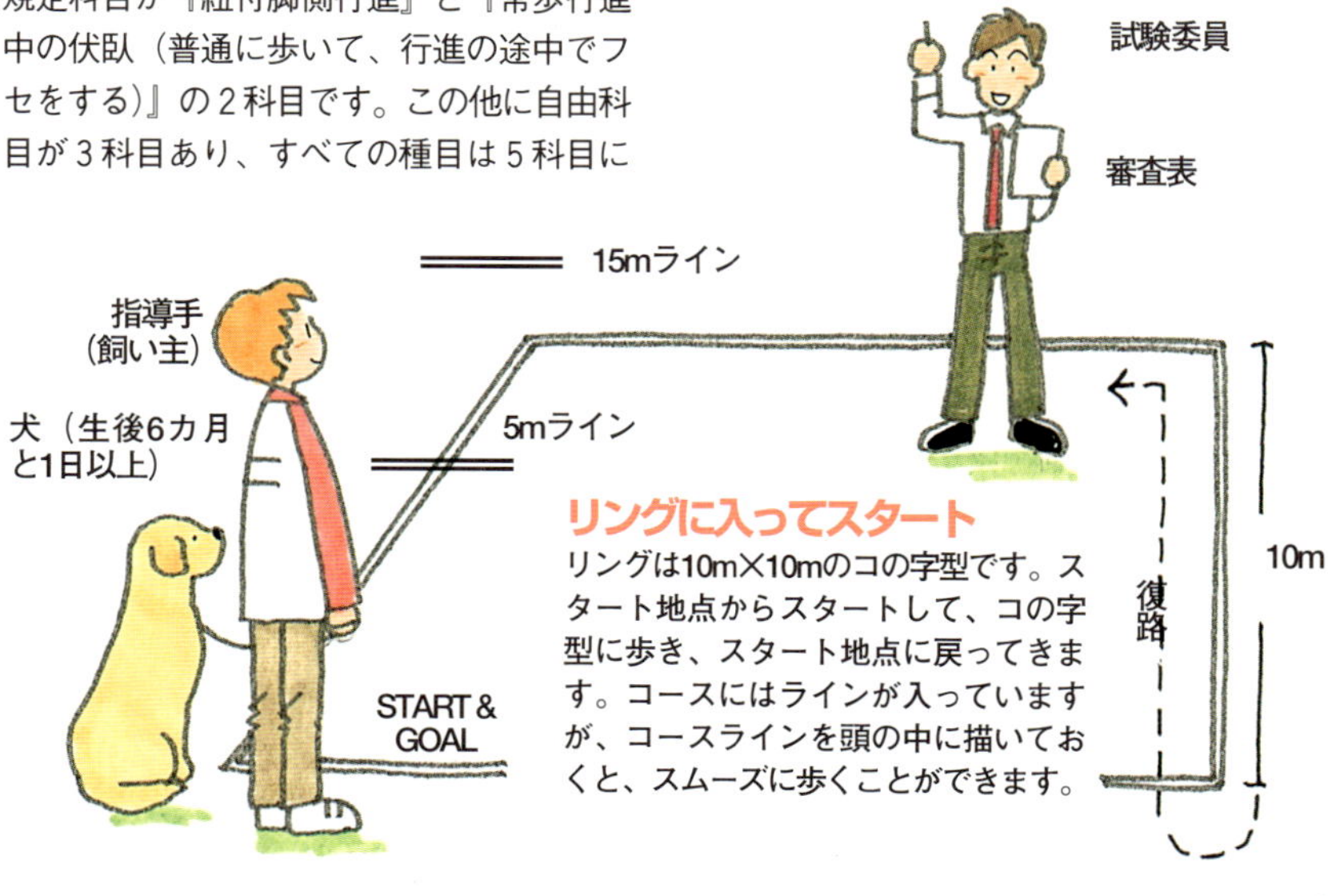

7
ドッグスポーツの楽しみ方

ラブを飼う楽しみのひとつが、
愛犬と一緒に、スポーツにチャレンジすることです。
どんな、ドッグ・スポーツがあるのか紹介します。

スポーツは愛犬とのコミュニケーション

健康、ストレス解消、能力開発……スポーツにはたくさんの利点が。

ラブにとってスポーツは、もはや必須科目

『ドッグ・スポーツ』と聞くと、一部の人たちの楽しみかと思っているかもしれませんが、ほとんどのスポーツ競技会が一般の飼い主のために開催されています。つまり参加をしている人も犬もみんな、一般の家庭の方たちなのです。中でもラブの参加率は、各競技とも上位を誇っています。

　その理由は、ひとつに、ラブが非常に高いドッグ・スポーツの能力を持っているためです。

　さらに服従能力にもすぐれていますので、さまざまなドッグ・スポーツに、オールマイティに取り組むことができます。

　ラブは元々はとても優秀なワーキング・ドッグたちです。つまり『お仕事』をすることが大好きな犬たちなのです。しかし都会で暮らすラブたちに、ほとんどお仕事はありません。そのお仕事に変わるのが、ドッグ・スポーツということになります。

　ラブの健康な精神と肉体を維持するためには、スポーツは食事や予防注射同様、欠かせない事柄と言えるでしょう。

　ここでは、ラブが得意とするいくつかのドッグ・スポーツを紹介します。

　ぜひ、みなさんもチャレンジしてみてください。

ディスクのフリースタイル競技／飼い主と犬の能力が一体化した競技。

足の悪いラブたちの リハビリ・スポーツ

　病気のページで紹介をしているように、日本国内のラブたちの多くが何らかの足のトラブルをかかえています。ですから、スポーツをはじめる前には、必ず検査を受けるべきですが、その結果、足の故障がある犬たちのリハビリ・スポーツとしておすすめなのが、水中歩行などのハイドロ・セラピーです。水中には浮力がありますので、負荷をかけずに足の筋肉をつけることができます。また、欧米ではスポーツ後の筋肉のクール・ダウンにも、ハイドロ・セラピーが用いられています。ただし重度の足の故障の場合には獣医師と相談の上、水泳をするようにしましょう。

飼い主と一緒に泳ぐことは犬にとっても楽しいものです。ただし病気が疑われる場合には、専門家の指示を仰いで泳ぐようにしましょう。

スポーツを始める前に健康チェックを

　ドッグ・スポーツにラブたちはいつも全力投球で取り組みます。どこか体に故障をしている箇所があったとしても、その様子をまったく見せない犬たちもいます。普通に生活をしている分にはほとんど支障がなくても、全力で走ったり、ジャンプをしたりすることによって弱っていた部分に何らかのトラブルが起きてしまうこともあります。ドッグ・スポーツにチャレンジする場合には、必ずその前に獣医師に健康診断をしてもらうようにしましょう。内臓疾患、関節や骨の状態などをチェックしてもらいます。

ディスク disk

円板状のディスクを飼い主が投げて、犬がキャッチをする競技です。ドッグ・スポーツの入門編の競技として幅広く人気があります。

飼い主が上手に投げられるかが、大きな決め手

犬には元々、物を取って（くわえて）持ってくる能力（リトリーブ能力）がありますので、ディスクは、ほとんどの飼い主と犬たちが気軽にチャレンジできるドッグ・スポーツといえます。

フライング・ディスクさえあれば、どこでも気軽に練習をすることが出来ますが、公園内では犬のリードを離してはいけませんし、ドッグ・ランによっては、ディスクなどの物を投げることを禁止している場所もありますので、練習場所を見つけるのがちょっと難しいところです。ただし、広いタイプのドッグ・ランですと、ディスクOKですので、まずはこういった場所を見つけて練習をしてみるといいでしょう。専門書籍もいくつかあります。

ディスクの競技会を行っている団体はいくつかあって、若干、ルールは違いますが、大きく分けて、遠投（遠くへディスクを投げて、犬がそれをキャッチしてその距離を競う）と、フリースタイル（制限時間内に犬と飼い主がディスクを使って、そのコンビネーションぶりを競う）の2競技があります。一般的には遠投からはじめて、技術を高めた上で、フリースタイルに取り組みます。

競技会への出場方法

どの団体の大会でも、基本的には出場申込をすれば、誰でも出場することができます。出場料金は団体によって異なりますが、1競技、約5000円前後です。事前に申し込みをして、競技会当日に会場に向かいます。ビギナー・クラスがありますので、このクラスからチャレンジするのがベストでしょう。大会の開催スケジュールは、各団体のホーム・ページや愛犬雑誌などに掲載されています。ディスクの場合、個人で練習をして、大会に参加するケースが一般的です。訓練所などで教えているケースはほとんどありません。ただし、競技会場などで友だちになって、練習を一緒にやっている人たちも多くいます。

●ナショナル・ディスクドッグ・アソシエーション（NDA）
TEL 03-5923-7222
FAX 03-5923-6855
http://www.discdog.co.jp/
●日本フリスビードッグ協会（JFA）
TEL 025-2342-2100
FAX 025-2342-2101
http://www.frisbeedog.co.jp/

上／ラブのスピードとキャッチの能力はかなりのもの。その姿の美しさは会場でもひときわ目を見張ります。
左／飼い主とのコンビネーションが要求される『フリー・スタイル』の競技は、ラブにぴったり。
下／ディスクの広々とした会場で、1日中遊ぶことは、イヌにとっても、飼い主にとっても楽しいものです。

アジリティ agility

世界中で大人気のドッグ・スポーツ。一言で表現するなら、『犬の障害物競走』です。易しいものから超難しいものまで、コースはいろいろです。

トレーニングの成果が発揮できる、奥の深いスポーツ

リングの中に設営された、いくつもの障害を飼い主の導きによって、犬がクリアしていく競技です。走行するタイムが速く、ミスが少なくクリアした犬たちの得点が高くなります。障害の種類はジャンプ（ハードル）、トンネル、シーソーなどさまざまなものがあって、難しいものもあれば、簡単なものもあります。その障害の種類や、リング内の置き方によって難易度が変わるのです。簡単なクラスもありますので、そこからチャレンジしていくのが一番ですが、かといって、何の練習もしないで出来るわけではありません。

最近は、ドッグランにもアジリティのセットが用意されているので、そういった場所での練習もできますが、アジリティのトレーニングのポイントは犬が楽しんで取り組むようにしてあげることなので、出来れば、すでにやっている人にトレーニング・アドバイスをしてもらうのが一番でしょう。

アジリティは多くの訓練所で、トレーニング教室を開催しています。こういった教室に参加することがもっとも早く、正しい方法をマスターすることができます。また、競技会の情報も訓練所から教えてもらうことができます。

競技会への出場方法

本格的な競技会はいくつかの団体で開催しています。団体によって、若干、ルールが異ったり、出場資格も異っていますので、出場する前に確認する必要があります。資格に問題がなければ、もちろんどんな犬も出場することが出来ます。出場料金は約5000円程度ですが、事前に会員になる必要性のある団体もありますので、その場合には会員料金などが別途必要になる場合もあります。その団体に所属していないと出場できないケースもありますので、事前の確認をしっかりと行う必要があります。また、細かい競技規定を知っておく必要もあります。1度、競技会に足を運んでみることをおすすめします。

●ジャパン ケネル クラブ（JKC）
TEL 03-3251-1651
FAX 03-3251-1659
http://www.jkc.or.jp/
●NPO法人　犬の総合教育社会化推進機構/アジリティ
TEL 0946-25-1581
FAX 0946-25-1401
http://www.opdes.jp/

上／Aフレームという名称の障害物。斜面を上って降りてきます。斜面の色の違う部分を『タッチ障害』と言い、犬はこの部分に必ず足を触れなければなりません。
下／スラロームと一般的には呼ばれていますが、正式名称は『ウィーピング・ポール』という障害。ポールの高さは1〜1.2mで、50〜65cm間隔で、8、10、12本のいずれかの本数で立っています。

フライボール
fly ball

ドッグ・スポーツ界唯一のチーム・ゲーム。飼い主と犬たちがひとつのチームになって、それぞれの能力を出し合う全米人気第2位のスポーツ。

ラブの高い運動能力と飼い主の頭脳、チームワークが一体化

日本ではまだなじみの薄いドッグ・スポーツですが、アメリカではアジリティに次いで人気のあるドッグ・スポーツです。競技の内容は、4つのジャンプ（ハードル）を超えて、その先にあるボックスの中から犬自らボールを取りだし、再び4つのジャンプを飛び越えてスタート地点に戻ってきます。この流れを4頭の犬たちがリレーで行い、タイムの速いチームの勝ちになります。1チーム7頭の犬が登録され、チームの中の背が一番低い犬にジャンプの高さが設定されます。つまり、チームに背の低い犬がいれば有利なのですが、どうしてもスピードが遅くなってしまいますので、対戦相手によって（レースは1ヒート、2レーンで行われます）、7頭の犬のどんな犬が走るのか、あるいは、スタートはどんな犬？（飛び出しのうまい速い犬とか…）アンカーはどんな犬？など、チームが一体となって競技に取り組んでいきます。つまり足の遅い犬がチームにいても、飼い主たちの頭脳で挽回のチャンスもあるところが、このスポーツの楽しいところでもあります。レトリーブ能力にすぐれ、かつスピード、チームワーク能力もあるラブは、フライボールにぴったりです。

競技会への出場方法

フライボールが日本に入ってきたのは結構古いのですが、競技会の歴史はまだ新しく、現在のところどんな犬でも出場できる定期的な競技会は日本フライボール連盟（ＪＦＦ）が開催しているものでしょう。ボックスなどの道具も必要となってきますので、既存のチームに参加するのがベストです。各チームとも10～20頭ぐらいの犬たちが参加していますから、気軽に仲間入りすることができます。ＪＦＦのホームページでは、各チームの連絡先が公表されていますので、自分の住んでいる地域に近いチームにコンタクトをとってみるのが一番です。

ＪＫＣの競技会では個人参加のクラスもあります。

●日本フライボール連盟（JFF）
TEL 03-3842-2025
FAX 03-5827-1756

右／フライボールは4つのジャンプ（ハードル）を飛び越し、その先のボックスからボールを取りだして、また、4つのハードルを飛んで帰ってきます。つまり基本はジャンプとレトリーブ能力。まさに、ラブにぴったりのスポーツ。
上／フライボールはリレー競技。飼い主と犬のコンビネーションがとても重要になります。
下／ボックスは、犬がタッチすることによって、ボールが飛び出す構造になっています。

ウォーター ワーク
water work

水泳、水難救助など、泳ぎの能力を競い合うのがウォーターワークです。まさにラブのための競技です。

ラブの水泳能力を最大限に引きだす

ラブといえば、本領は『水猟』。つまり水泳能力です。その能力を最大限に発揮する場が、ウォーター・ワーク・コンペティションです。元々は水難救助を目的としたトレーニング・プログラムおよびその競技会でしたが、日本のラブの能力の高さから、現在では、ラブやゴールデンといった水泳が大好きな犬種も気軽にチャレンジできる競技会となっています。競技の主な内容は、ハンドラーと一緒に泳ぐ、沖にいる人までロープを運ぶ、水中に沈んでいる物体を拾ってくる、ボートを曳航してくるなど、非常に多岐にわたります。その豊富なプログラムから、ビギナーからプロフェッショナルまで楽しめるスポーツといえるでしょう。

上／ボートのへさきから垂れたロープを口でくわえて引っ張っています。
下／沖にいる人に向かって泳いでいくことを指示しているハンドラー。

競技会への出場方法

ウォーター・ワークを指導している団体やサークルは国内にいくつかありますが、定期的に競技会を開催している団体としては、日本ウォーター・ワーク協会があります。同協会では国内の3カ所の湖にインストラクターが常駐し、講習会を開催しています。この講習会を受講し判定試験に合格をすると競技会に出場することができます。

●日本ウォーター・ワーク協会（JWWA）
TEL 03-5827-1767 FAX 03-5827-1756
（事務局のみ、講習会、競技会については各フィールドまでお問い合わせください）
●野尻湖フィールド　TEL & FAX 0255-86-6658
http://www.jphal.net/NSDRC
●西湖フィールド　TEL & FAX 0544-58-7525
http://www.jcamp-wan.com/camp/lesson.html
●琵琶湖フィールド　TEL & FAX 0739-23-3170
superton@d2.dion.ne.jp

8
正しい妊娠と出産

かわいい愛犬の子どもが欲しい!!
誰もがそんな思いをもちますが、
妊娠と出産は、元気なラブだって大事業。
その心がまえはできていますか。

子犬の出産は正しい知識で

子犬の将来を視野にいれて、正しい出産計画を。

なぜ、子犬が欲しいのかをもう一度考えて

かわいいウチのコを見ていると、どうしてもウチのコの子どもが欲しくなってしまうものです。それは、どんな飼い主でも共通の思いといっても過言ではないほどです。しかし、生まれてくる子犬はどんなに小さくてもひとつの命です。その命に責任が持てるかを、まず一番最初に考えてください。何匹も生まれた子犬のもらい手はありますか？ もらい手が無い場合には、自分で育てられますか？ 中型でしかも運動量の多いラブを何頭も飼うのは大変です。

さらに最近では難産のラブも増えてきました。いずれにしても、出産時のトラブルに対処する心構えが重要になってきます。アマチュアの飼い主が繁殖する場合でも、きちんともらい手と話しあった上で、子犬を譲り合うことが常識となっています。

スタンダードをきちんと勉強すること

ラブの交配相手に選ぶのは、みなさんラブだと思います。しかしご存知のように、同じラブでも体格も違えば顔立ちも違います。しかしどんな顔であっても、ラブっぽかったら、ラブ!! というわけではありません。純血種のイヌたちは、スタンダード（20ページ参照）によって、スタイルの規定があります。このスタンダードにはずれた場合には、ラブとは呼ばない、というプロの人もいるほどです。一般の方では、ここまでこだわる必要はないのかもしれませんが、やはりラブの子犬を出産するのであれば、ラブのスタンダードに準じる子犬を作るための知識は必要といえるでしょう。プロのブリーダーたちは、スタンダードに近い理想の子犬を産ませるために、さまざまな勉強をしています。アマチュアといえど純血種の子犬を作るためには、それなりの知識を身につけてから行いたいものです。

※イラストはイメージです

交配はいつ行うのか

イヌの場合、妊娠は一定のシーズンに限られます。そのシーズンのことを『発情』と言います。発情シーズンになりますと、メスは妊娠の準備ができた体になり、その体にオス犬が反応するのです。発情シーズンは犬種によって異なるのですが、ラブの場合には、生後7～10ヵ月前後に初潮がやってきて、妊娠可能な時期になります。このシーズンは出血がやってくることで確認できます。しかし最初の発情では、イヌが未だ大人になりきれていませんので、この交配は避けるべきです。その後6～8ヵ月ごとに定期的に発情はやってきますので、2回目以降での交配を計画してください。

発情を確認する方法

陰部から出血をするので発情を確認することができますが、まれに出血の量が少なかったり、飼い主が気がつかないときに、自分で舐めてしまうイヌもいます。この他にも、陰部がふくれてくる、尿の回数が増える、お尻をつきだすようになる、などといった行動の異変からも判断できます。

出血がはじまって、10～13日くらい経過すると、陰部がさらに大きくなり、柔らかくなってきます。この頃が交配可能な時期です。血の色が薄くなり、半透明な液体が陰部から出てくるようになります。発情したイヌは、相手かまわずマウントをするようになります。

また、特殊な強い臭いも出てくるようになります。この臭いにつられてオスが性行動をとるようになるのです。つまりこの時期がもっとも交配に適した時期ということになりますが、その数日前（発情して10日目頃）に、1度、交配相手と顔を合わせておいた方がよいでしょう。

産ませてはいけないイヌ

まず、繁殖する前に避けなければいけないイヌがいます。左記を参考にしてください。

●小さすぎるイヌ
ラブの標準サイズから見て、明らかに出産が難しいほどの小さなイヌ。体の負担が大きすぎます。

●スタンダードから繁殖が禁止されているイヌ

●遺伝性疾患があるイヌ
遺伝性疾患があるイヌは繁殖を止めましょう。

●慢性疾患
出産はイヌにとって、体力を消耗します。必ず、交配の前に健康診断を行いましょう。

交配のタイミングと方法

いよいよ交配。ちょっと緊張の瞬間です。

オスのお家に出かけるのがベスト

交配が日がやってきました。いよいよ交配です。同じ飼い主がオスもメスも飼っていれば問題はありませんが、多くの場合、交配相手の家に出かけて交配をすることになります。スムーズに交配ができれば、場所はどこでもいいのですが、ほとんどのオス犬はとてもデリケートですので、環境が変わるとなかなか交配に応じません。そのため、メスがオスの所に出かけて交配をするのが一般的な方法です。

いざ交配。メスの陰部に触れますと、その刺激に対して尾を左右に曲げて、オスを受け入れやすい態勢になりますので、オスを近づけるようにします。このとき、拒否をするメスもいるのですが、3~4時間くらい経過してやっと受け入れ態勢になるメスもいますので、焦らず、気長に待つことが大切です。また、どんな状況になっても、冷静に対処するようにしましょう。

交配相手はどうやって見つけるの?

健康な出産をするためには、交配相手もしっかりと選ばなければなりません。一般の飼い主が交配相手をゼロから見つける場合には、動物病院やペット・ショップ、公園仲間のようなサークルなどを通して探してもらうケースが多いのですが、最近はホームページなどで、交配相手を募集している飼い主の方も多く見かけるようになりました。これはとても気軽に見つけることができるので、いい方法と言えますが、交配前に事前にさまざまな事柄について話し合っておかなければなりません。

たとえば、発情が始まったらどのタイミングで連絡をして来てもらうか、交配に失敗をしたら2度目はどうするか、などです。とくに交配の際に『交配料』のような、金銭に関する取り決めが発生する場合には、さまざまなケースについて話しあっておく必要があります。また、出産後、血統書の申請をする場合には、立会人や交配証明写真などが必要になってくるケースもありますので、相手のイヌがどんな血統のイヌなのかも知っておくべきでしょう。

妊娠をしているかどうか

妊娠したかどうかがはっきりとわかるのは、交配後3、4週間が経過した頃からです。この頃から『つわり』に似た症状があらわれてきます。たとえば、食欲が落ちたり、胃液を吐くなどといった症状です。とはいってもこれも人間と同じで、すべてのイヌにつわりの症状があらわれるわけではありません。さらにこの頃から乳頭が赤みをおびて膨らんでくることからも妊娠を予測することができるのですが、想像妊娠でも同じ症状があらわれますのでこれも確実とはいえません。

この交配後2～3週間の頃は、受精卵の着床期間ですので、激しい運動は避けるべきです。また、流産をするのもこの時期ですので、いずれにしても過激な運動は避けるべきです。

40日をすぎた頃にはお腹がふくらんできますので、妊娠を実感することができますが、確実に妊娠の確認をしたい場合には、動物病院でのエコー診断をおすすめします。

普段は食欲旺盛なラブですが、妊娠期間は食欲が減退することもありますので、母体の栄養も考えてあげなければなりません。消化がよくて、栄養の良いものを適量、与えるようにしましょう。妊娠末期には、胃が圧迫されるようになりますので、少量のフードを3回に分けて与えるようにします。

交配の前にしておくこと

ワクチン接種

生まれてくる子犬や交配相手のために、ワクチン接種を必ずしておきましょう。メス犬自身の感染症に対する免疫を持たせるとともに、初乳を子犬に飲ませることによって、移行免疫がもたらされるのです。2ヵ月前の接種が理想です。

寄生虫の駆除

妊娠中に胎盤を介して胎児に寄生虫が移らないように、駆除をしておかなければなりません。さらに、ノミ・ダニの駆除も済ませておきましょう。

遺伝性疾患の有無や血統の確認

愛犬が遺伝性疾患にかかっていないかを調べておきましょう。また交配相手のイヌも遺伝性疾患がないか血統書を見て確認してください。

待ちに待った赤ちゃん誕生の瞬間

長い妊娠期間が終わっていよいよ出産。とにかく安全第一。

出産までは約9週間その前に出産準備を

交配後約9週間（約63日）が出産予定日になります。イヌの場合は交配日がはっきりとしていますので、比較的出産予定日も明解にわかります。ですから、事前の準備も計画的に行うことができます。

出産の準備に必要なものは下のイラストにある通りです。お産の場所（産箱を置く場所）は、特別の場所を用意するのではなく、いつもそのイヌがいる場所の方が、落ち着いて出産をすることができます。母犬を産箱に慣らすためにも、出産予定日の2週間前くらいから、産箱で寝かせるようにしておくとよいでしょう。

安全な出産をするためには、予定日の1週間くらい前に動物病院でレントゲン検査を行い、産道の広さ、肋骨の大きさなどを確認しておきます。その結果、自然分娩でいくのか、帝王切開にするのかを事前に決めておきます。もちろん帝王切開の場合には病院にお世話になりますので、獣医師と打ち合わせをしておかなければなりません。

へその緒を糸で結ぶ

子犬のへそから5mmくらいの所を糸できつく縛ります。ハサミで結び目の外側1cmの場所を切り落とし、切り口に消毒液をつけておきます

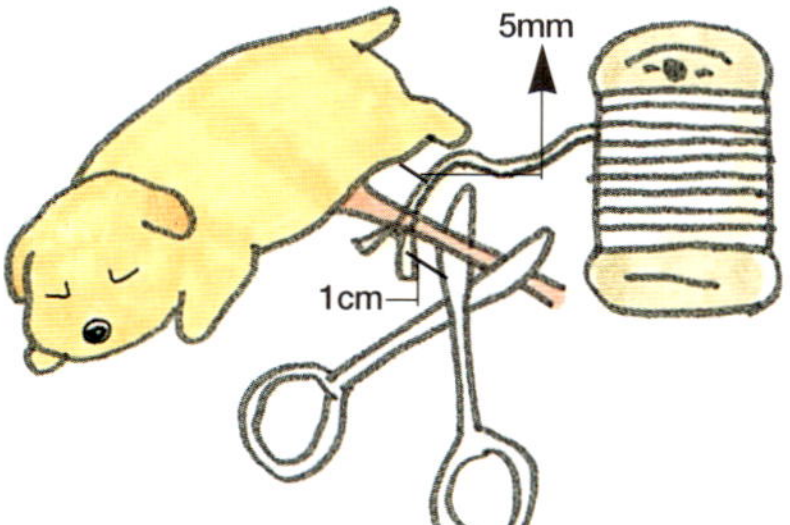

出産の準備品

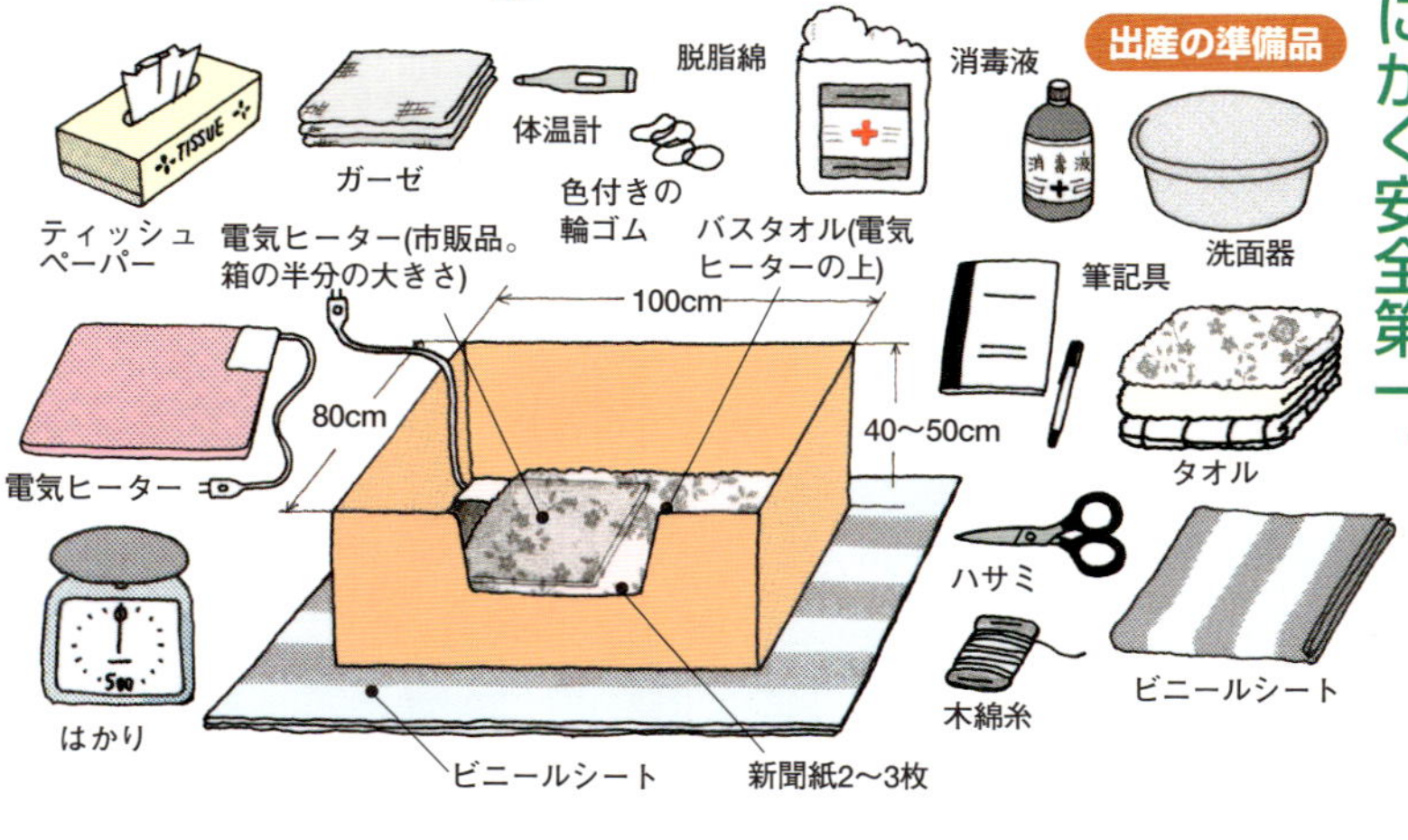

分娩には介助が必要

ラブの分娩には人間の介助が必要なこともあるので、出産が始まるタイミングには、そばにいてあげる必要があります。夜間に出産をするケースも多いので、夜中も交替で寝ずの番をしなくてはなりません。

出産が近づいてくると、床を引っかいて、穴を掘るような仕種をする、呼吸が荒くなる、などの行動の変化がみられるようになります。そしていよいよ陣痛が始まります。陣痛の間隔ははじめの頃は20〜30分間隔で、徐々に間隔が短くなってきます。

次に破水があり、いきみとともに羊膜に入った胎児が出てきます。その羊膜を素早く手で破り呼吸を確保してあげるようにします。もしこのとき、胎児がスムーズに出てこないようであれば、ガーゼで羊膜をくるむようにして、ゆっくりと引きだしてあげます。

出産までのメス犬の変化

1〜3週間	●通常、メス犬の出血（透明に近い）は、1週間で止まる。 ●3週間目位から、食欲不振、不活性などのつわり状態になる（つわりのないメス犬もいる）。 ●シャンプーは4〜5週間は避け、タオルで拭く程度にする。 ●食事：今までどおり。 ●運動：過激な運動は避け、静かにさせておく。
4〜5週間	●交配後、陰部はいったん収縮したように見えるが、再び膨張気味で、湿潤する。 ●粘液状のおりものが、尾に付着することがある。 ●乳首が少し色付き、乳腺が張ってくる（乳房5対10個のうち、とくに後ろの4対8個の乳腺が発達し、その周囲が脱毛する。授乳の準備）。 ●腹部の圧迫はしない。 ●食事：今までどおり。 ●運動：歩行運動をする（時には日光浴も必要）。
6〜7週間	●6週目頃になると、胸部から腹部にかけて膨らみはじめ、体全体が丸い感じになる。 ●乳房5対10個のうち、とくに後ろの4対8個の乳腺が発達（ピンク色に変化）し、その周囲が脱毛する。授乳の準備のため。 ●床をガリガリ掻いたり、穴を掘るような仕種が多くなる。 ●膀胱の圧迫のため、チョビチョビと尿の回数が増える。 ●食事：妊娠犬用のものを与える。カルシウム、ビタミンなどのサプリメントを状況により、与え始める。 ●運動：歩行運動をする（20分位）。体重の均一化、過大児の阻止に必要である。
8週間	●母犬のお腹が急激に膨れ、手で触ると胎児の動きが感じられる。 ●腹部に衝撃を与えないように注意をする。 ●下側の乳首から薄い初乳の分泌がある。 ●食事：妊娠犬用のものを与える。胃の圧迫により3回/日にする。 ●運動：歩行運動をする（15〜20分間）。
9週間	●出産は平均的には、交配後63日前後。 多頭数の場合は、早く生まれるので、注意が必要。 ●出産が近づく、体温が下がる（平均マイナス1度位）。 ●出産時間は、昼と夜どちらもあるが、夜間の出産が多い。 ●食事：今まで食べていたが、突然食べなくなる（食べる妊娠犬もいる）。 ●運動：歩行運動もしたがらなくなり、息づかいが荒くなる。

子犬の命を守るために 異常出産に注意を

陣痛が始まったのに、胎児が出てこないときには、すぐに獣医師に連絡をとってください。胎盤が剥離をすると、胎児がお腹の中で窒息してしまうケースもありますので、すみやかな対処が必要です。

また、母犬が高齢の場合には、陣痛が弱くて、胎児が生まれてこないケースもあります。この場合も獣医師の判断のもと、自然分娩から帝王切開に切り替える必要があります。出産後、呼吸をしていない場合は、下のイラストにあるように、すぐに蘇生を試みてください。

また、ラブではごくまれに口蓋裂（口と鼻とがつながっている状態）の子犬が生まれることがありますので、口を開けて確認してみましょう。

難産とは

正常に出産が行われないことを『難産』と言います。なにかあった場合はすぐに獣医師と連絡をとるようにしましょう。

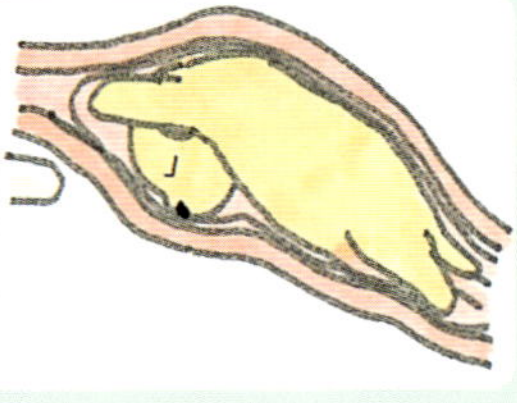

鼻先から産道に入らないと、顔が下を向いてしまいます。さらに前肢から入ると分娩が困難になります。

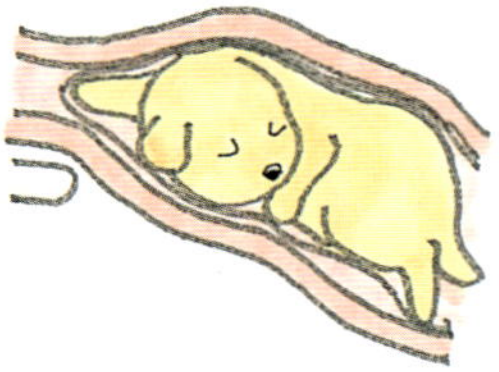

産道に入る前に頸が曲がってしまう状態です。さらに肩が先に入ってしまうと分娩が困難になります。

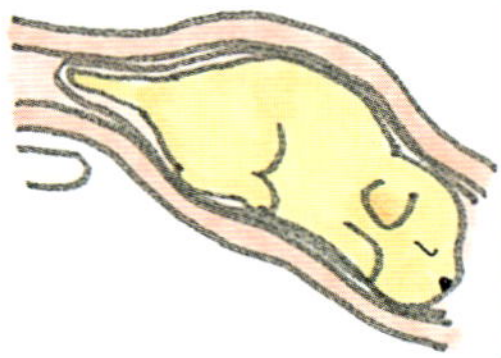

後肢の先端から入らずに、尾や尻が先に産道に入ってしまっている状態です。

助産の方法

イヌがうまくお産できない場合、飼い主が出産を手伝ってあげましょう。

産後、母イヌがなにもしないときは、飼い主が羊膜を破り、へその緒を切ってあげます。へその緒の切り方は110ページに記載しています。

へその緒を切ったら、タオルなどで体を拭いて呼吸をうながしてください。

なかなか呼吸をしないようであれば、子犬を振って呼吸をうながすようにします。

9
高齢犬と おだやかに暮らす

年齢を重ねるとともに、イヌの体調も変化します。
いつまでも健康に暮らすためのノウハウを紹介しましょう。

いつから高齢犬？

高齢になると、体にあらゆる変化があらわれます。

つい先日まで、元気でやんちゃだったのに、最近は寝てばっかり……。イヌの高齢化は人間と比べると圧倒的な早さでやってきます。そして、歳を重ねれば重ねるほど、体にさまざまな変化もみられるようになってきます。高齢とともにやってくる病気は、自然のなりゆきですので、誰にも防ぐことはできません。

しかし、飼い主がさまざまな配慮をすることによって、愛犬の痛みやつらさを軽くしてあげることができます。そのためには、愛犬の老化のサインを見逃さないことが大切です。そして、早め早めの対処をしていくようにしましょう。

暗闇でぶつかりませんか

もっとも多いのは、暗闇で物にぶつかる、老齢性の白内障になる、といった変化です。大好きなボールを投げても見失う、お気に入りのおもちゃを見せたときに、すぐ反応せず匂いで確認しようとする、耳を立てて音を拾おうとする、など目以外の器官に頼るようになるなども挙げられます。

前肢で眼をこするのは、眼が痒い場合ですが、ぼやけて見えなかったりすることもあります。

名前を呼んでも反応しない

耳が遠くなったり、まったく聞こえなくなってしまうことも少なくありません。そのほか、外耳炎や中耳炎なども若いときよりなりやすく、耳の中にイボのような腫瘍（良性・悪性あり）ができることもあります。

激しく耳を振ったり、掻いたりしたら、一見何もなっていないようでも、獣医師に耳鏡などで見てもらうとよいでしょう。

被毛・皮膚の変化

若いころに比べると、毛の艶が落ちます。また、俗にいう毛ぶきも悪くなり、尻尾の一部や眼のまわりなど、脱毛してしまうことがあります。加齢に伴い、新陳代謝も悪くなり、新しい毛が生えてくるのが遅くなったり、毛の伸びも悪くなります。被毛だけでなく、皮膚も張りがなくなってきます。フケが多くなったり、ちょっとしたことで化膿しやすくなったり、イボやしこり（良性・悪性あり）などが体のあちこちにできたり、皮膚病にもなりやすくなります。

1日中寝ている

1日中寝ていることが多くなります。若いころよりもイビキをかくようになったり、明け方咳き込んだりします。以前は愛犬専用のハウスで一人で寝るのが好きだったイヌが、ベッドに上がり飼い主にくっついて寝たがるようになったりもします。

おもらしはチェック!!

消化能力が衰え慢性的な下痢を起こしやすくなったり、逆に食の細いイヌなどはさらに食が細くなり、ひどい宿便になったりもします。排尿も同じで、水分の摂取量が減って、尿量が減り、ビールのような濃い尿をしたり、時には血尿が混じったりもします。また、お散歩で排尿をしたばかりなのに、部屋に入りまもなくお漏らしをしてしまうなどというケースも出てきます。

何にもしなくなる

何に対しても反応が鈍くなってきます。毎日楽しみにしていた散歩ですら、しぶしぶ「行くの？」となります。若いころの半分も歩かないのに、家に戻りたいと立ち止まったり、階段を上るのを嫌がったり、路地でネコを見かけても追わなくなったり、イヌに出会っても興奮しなくなったり、すべてに対して意欲的でなくなります。

食事と運動にこまやかな配慮を

食事と運動のバランスを保って、健康維持を心がけましょう。

高齢犬の食事にチェンジ

イヌも人間と同様に、年老いてくると体型が崩れ、脂肪がつきやすくなります。食事と運動のバランスをとって、これまでの体型を維持させるように心がけましょう。

まず食事ですが、ドライフードを与えている人は、その年齢に合ったフードをセレクトするようにしてください。市販の老犬用ドッグフードには、必要な栄養素だけが含まれているので、安心して利用できます。老化のために、歯が抜けたり、顎の力が弱まっているようであれば、ドライフードは、お湯でふやかすなどして、食べやすくしてあげるといいでしょう。

老犬は食欲にむらがあることが多く、食べないときには、フードに少量の好物を混ぜて、与えてみてください。中年期から老年期になればなるほど、動物性蛋白は低脂肪で良質のものに切り換えていくとよいでしょう。例えば、鶏のささ身や脂肪の少ない赤身の精肉、もしくは白身の魚などがおすすめです。ただし、好きなものばかりを与えたり、手で与えたりすることは、むら食いを促すことになるので、よくありません。水は、いつでも新鮮なものが飲めるように、こまめに取り替えてあげてください。

定期的に健康診断を受けましょう

老犬になると、余計に寒さがこたえます。これまで以上に注意を払い、いつも一定の暖かさが保てる環境にしてあげましょう。また、日頃から、愛犬の健康状態を把握し、少しの異常でも気づいたら、その時点ですぐに獣医師へ相談しましょう。たとえ、丈夫なイヌであっても、定期的に健康診断を受けて、病気の早期発見に努めることをおすすめします。

寒い日には ドライシャンプーを

寒くなってくると、老犬の場合はとくに体力が消耗し、風邪もひきやすくなります。シャンプーは月何回とは決めずに、体が汚れたときだけにし、あとは毎日のブラッシングで被毛のケアをしていきましょう。たまにはドライ・シャンプーをしてもいいですね。シャンプー剤を地肌によくすり込んでから、毛根に残ったパウダーをブラッシングしながら、よく落とします。まだ、白く残っているときには、熱く蒸したタオルでていねいにふき取り、湿気が残らないようにドライヤーをかけてあげましょう。

無理な運動は禁物

過度な運動をして取り返しのつかない怪我や病気にならないように配慮が必要になってきます　老犬の運動は、体づくりというよりも、精神面でのリフレッシュと考えたほうがいいでしょう。無理がない程度に、朝夕2回くらいにわけて、ゆっくりとしたペースで歩かせましょう。そうすることによって、イヌも気分転換ができ、ストレス発散にもつながります。

けれど、イヌが雨の日など、外に出たがらない場合は、無理に運動させようとはせず、イヌの気分に合わせてあげましょう。寒さが厳しい日には、室内での遊びを主体にしたほうが無難です。毎日の運動量も成犬期に比べて少なめにし、疲れすぎないようにします。健康な体を維持することを目的にして、適度な運動をさせましょう。

高齢犬によくみられる病気

病気に関する予備知識があれば、早期発見、早期治療ができます。

風邪でもないのに咳こむように

心臓病

高齢犬では心臓系の疾患が多く発症します。これらのイヌの症状としては咳がみられます。乾いたような感じがする咳は、夜中から明け方にかけて集中することが多く、重症の場合は夜通し続きます。

食欲がなくなる 水をたくさん飲むようになる

子宮蓄膿症

発情が終了して、主に2～3週間後に、症状が現われてくることがあります。子宮に膿が溜まるためお腹が膨れる閉塞型、膣から膿が出てくる開放型の2つに分けられます。膿の色は灰黄色～赤褐色と差があり、血が混じることもあります。膿には一種独特の嫌な臭いがあります。

後肢が流れるような感じになる

関節炎

階段や坂道の昇り降りを嫌がるようになった、歩くのを嫌がる、足をときどき引きずるようになった、運動をしたがらない、前肢と後肢のそれぞれの立ち幅が違っているなどの症状が見られます。

だんだんと進行してくるうちに肢が強張ったり、歩き方がぎこちなかったり、跛行や筋肉が硬直してくるなどの症状がみられます。

水をたくさん飲む、尿の量が増える

糖尿病

糖尿病は膵臓から分泌されるホルモンであるインスリンが不足することにより発症します。多くは6歳以上に見られ、高齢犬の場合、メスはオスよりも発生率が高くなっています。

症状としては、水をたくさん飲む、

尿の量が増える、食欲増加のわりに痩せてくるなどがあります。糖尿病で注意すべきことは、さまざまな合併症があることです。代表的なものには白内障があり、ひどくなると失明することもあります。

目の奥のほうが白くなる

白内障

イヌは見えづらいため物によくぶつかるようになったり、ボールや動くものが見つけられない、外を歩くときに躊躇する、寝ていることが多くなった、ちょっとした物音に驚くなどの様子がみられるようになります。重度になると失明することもありますので、注意が必要です。

昼夜逆転、徘徊行動をとる

痴呆

イヌの痴呆はこれまで老化現象によるものと考えられてきましたが、最近では病的なものが大きく関与していると考えられています。

夜中に抑揚のない単調な声で吠え続ける、昼夜が逆転して昼間はよく寝ているのに夜になるとごそごそ動き出す、徘徊行動をとるようなり一定方向へ歩き続ける、名前を呼ばれても反応しない、感情表現もあまりなくなる、などの症状が挙げられます。

その他の病気

- **歯周病**　歯肉が腫れているなどの症状がみられる。全身の健康状態にも影響を及ぼす恐ろしい病気。
- **乳腺腫瘍**　乳房のまわりに固いしこりができる、メスに要注意の病気。
- **精巣腫瘍**　睾丸停滞が関係している。メス化が見られるオス特有の腫瘍。
- **肥満細胞腫**　老犬に比較的多く見られる転移しやすい悪性の腫瘍。
- **変形性脊椎症**　背骨の一部が増殖してしまい、腰痛や跛行の症状が出てくる。
- **膀胱炎・尿道炎**　腫瘍による膀胱炎も見られ、尿道が細菌感染により狭まり、尿が出づらくなる。

楽しかった生活をありがとう

みんな飼い主に感謝して旅立っていきます

どんなに長生きのイヌでも、やがて別れのときがやってきます。
元気で暮らしている日々にはあまり考えたくはないのですが
天国に旅立って行く愛犬をしっかりと見送ってあげたいものです。

最後にしっかりとセレモニーを

ペットたちの正しい見送り方、というものはありませんが、仏教思想では、すべての生き物たちに霊が宿っていると考えられていますので、いくつかの仏教寺院では、ペットの供養をきちんとしてもらえます。ちなみにキリスト教では人間の霊と動物の霊は一緒ではないので、教会で供養されることはほとんどありません。欧米の飼い主たちは、このときばかりはとても仏教徒をうらやましがります。

そういったお寺で火葬から埋葬までをやってもらう方法もありますし、また、ペット専用の火葬業者に、火葬だけをお願いして、埋葬はお寺でする、といった方法もあります。ただし、お寺にもさまざまなタイプがあって、火葬が合同であったり、埋葬も合同であったりする場合があります。行政での火葬も合同で行われるケースがほとんどなのですが、この合同火葬では、そのコの遺骨を持ち帰ることができません。

また、遺骨を保管できるスペースのある専用仏壇も販売されていますので、遺骨と離れがたい人にとっては、いいかもしれません。遺骨を身近に置いたままにしておくとよくない、あるいは自分の敷地内に埋葬すると成仏できない（ペットを自宅の敷地内に埋葬しても問題はありません）といった考え方がありますが、これは俗説ですので、飼い主のみなさんが、もっとも納得できる方法をとるのがいちばんです。

思う存分、ウチのコを見送ってあげること

長年一緒に暮らしたコを失う悲しみは、耐えがたいものです。いつまでもその思いが断ちきれない人もたくさんいます。毎日、毎日とても悲しくて、普通に日常生活が送れなくなってしまう人たちがいます。いわゆる『ペットロス症候群』です。なぜ、そういった心理状況になってしまうのか、精神分析の分野からその原因が語られていますが、悲しい気持ちを止めようとはせずに、思う存分、失ったコのことを考えてあげるのがいちばんの解決策です。一緒に旅行に行ったところに出かけてみたり、楽しかった日々のことを思い出して、泣きたいときに泣くことが大切です。同じ悲しみの体験をした仲間と話しあってもいいでしょう。そういったサークルもありますので、扉を叩いてみるのもいいかもしれません。

仏教では亡くなった動物たちは、みな須弥山（しゅみせん）で暮らしています。そこでは病気もケガもなく、安らかな毎日を送るのだそうです。病気で逝ってしまったコも、今は須弥山で元気に暮らしています。

10
病気とケガについて

愛犬の健康上のトラブルに直面したときには、
飼い主の適切な判断と応急処置が必要不可欠。
そのためにも、日頃から愛犬の健康チェックを
欠かさないようにしましょう。

愛犬の身体検査

いざというときに大活躍。

健康のバロメーターとして

愛犬が体を傷つけたり、具合が悪くなったりするのは、時と場所を選びません。突然のアクシデントに対しては、とにかく冷静さを失わずに、的確な判断と対処が必要不可欠です。緊急時に、とりあえずの応急処置は飼い主さんが行うしかなく、そのためにはもしもの場合に備えて対処法を知っておくことが重要です。

Point

まず体に触る前に、犬の体から離れ、全体的なことも見てみましょう。

耳

正常な耳は皮膚がなめらかで、臭いも傷もありません。清潔で乾いており、痛みもほとんどありません。傷やかさぶたがある、赤く腫れている、臭いがする、分泌物が多い、痒がる、痛みがある、などの場合は注意が必要です。

目

正常な眼は輝きがあり、適度に潤んで澄んでいます。まぶた、瞳孔、白目、結膜などを調べましょう。光沢がない、眼球が乾いて見える、目やにが多い、涙が多い、眼の色の変化、瞳孔の大きさが違うなどは要注意です。

鼻

健康な鼻は適度に湿っています。乾いていたり、分泌物が出ていたり、出血がある場合は要注意です。

口

歯石だけでなく、歯肉、舌の表と裏側、喉の奥などを見ます。出血や口臭、よだれが多い、できもの、傷、痛みなどがあるようなら要注意です。また、CRTといって、歯肉を指で押して、色が白からピンクに戻る時間を見ます。正常では1～2秒ですが、心臓や血液循環の状態が悪いと、それよりも長くなることがあります。

腹部

肋骨の後ろ側から両手で優しく押しながら触ります。腫れた感じや、痛みがないか（触られるのを嫌がる）、極端に腹部が膨らんでいないかをみます。

健康チェック

ペットが病気になったとき、その微妙な変化にまず最初に気づいてあげられるのは、そばにいる飼い主さんにほかなりません。ですから、小さな問題でも早期発見できるよう、飼い主さんが日頃から愛犬の体を触ることはとても大切です。

また、普段の正常値を記録しておくと、とても役に立ちます。毎日の同じ時間に、なるべく愛犬がリラックスしている状態のときに、何げなく体を触りながらしこりなどがないか確認し、あわせて呼吸や心拍数を調べます（調べた数値は、P129の表に書き込んでおいてください）。

大好きなあなたに触れられていれば愛犬もうれしいでしょうし、スキンシップに最適な時間になるはずです。

他にもある健康チェックの項目

●吐く

もともとイヌはよく吐く動物ですが、何度も吐いたり、吐いたあとに気持ち悪そうにしている場合は、何らかの病気が考えられます。激しい嘔吐に見舞われたときには、異物を飲み込んでしまったり、胃捻転など急を要する病気も考えられます。

●皮膚と被毛

絶えず痒がっている場合には、ノミやダニの寄生が考えられます。初期であって、これらの外部寄生虫が確認することができれば、市販の薬品などを使って除去することで解決しますが、皮膚が炎症を起こしている場合などは、やはり獣医師の診断をあおぎます。

●四肢

歩き方がおかしかったり、歩くのを嫌がるような場合には、関節や脊髄の障害を疑ってみてください。

●脳・神経

発作やけいれんなどが起こったら、必ず、脳・神経系の病気を疑ってみる必要があります。発作のあとにケロリとしているようであっても、動物病院できちんと診断を受けなくてはいけません。脳神経のトラブルは深刻ですので、適切かつ最善の対処を心がけましょう。

●呼吸

咳やクシャミが止まらない場合は、のどや気管が炎症を起こしていることが考えられます。

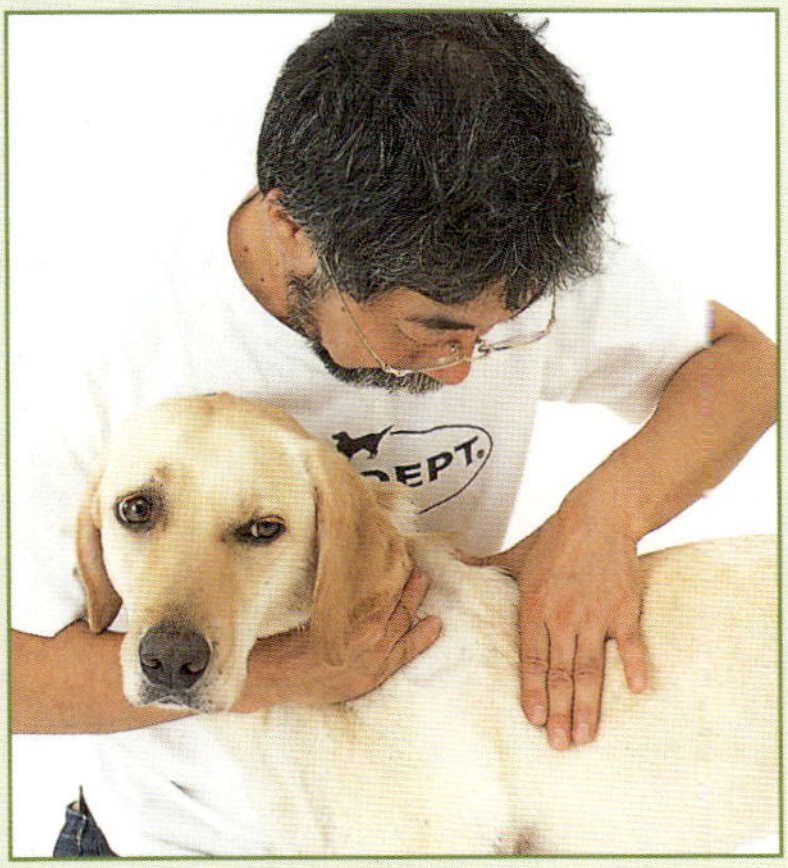

毎日のボディ・チェックで病気を早期発見

愛犬の健康を守るのは飼い主の役目。早期発見は、飼い主の義務です。

病気の多くは、早期発見によって予防することが可能です。早期発見を心がけ、日頃から愛犬のボディ・チェックを欠かさずに行いましょう。

また、もしものときの緊急の治療方法のことを『ファースト・エイド』と言います。突然のアクシデントに襲われた場合、この初期治療が健康の回復にとても重要な意味を持ちます。しかし、これはあくまでも緊急的なものですので、あとで必ず動物病院へ連れて行ってきちんとした治療を受けてください。

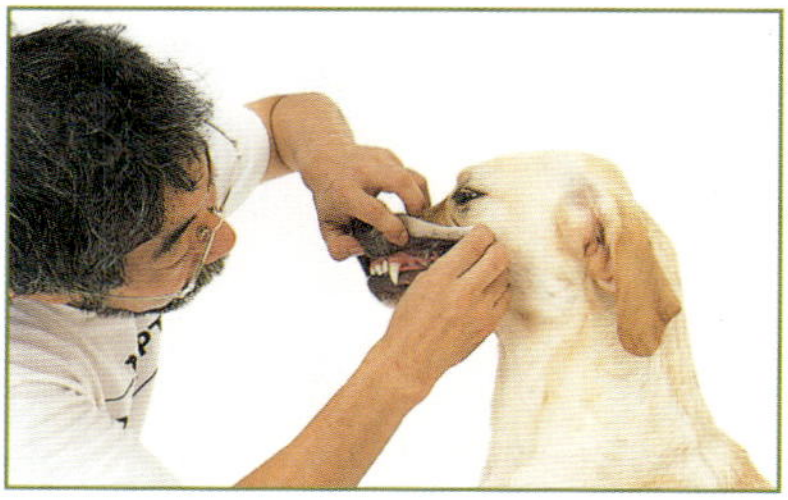

とくにラブにおいて、注意をしておきたいチェック項目を紹介します。しかしもちろん、常に全身を見てあげていなくてはなりません。

■目　ラブの目の病気としては進行性網膜萎縮症があげられます。この遺伝性疾患については138ページをご覧ください。その他の目の病気としては、白内障があります。糖尿病などの病気によるもの、老齢性のものなど原因はいろいろありますが、眼球の曇りをチェックすることによって早期発見ができます。

■歯　歯周病のイヌが増えていますので、歯のチェックは絶えず行う必要があります。とくに不正咬合（正しい咬み合わせでない）のイヌでは歯の病気が起こりやすいので、ていねいなチェックが必要です。

■耳　外耳炎にかかるラブが増えています。耳の中に草花の種子やダニ類が入り込んでかかるケースが多いですので、イヌが必要以上に首を振る場合には、外耳炎を疑ってみてください。また、耳に触れるとイヤがるようであれば、動物病院へ。

■皮膚　皮膚の病気の代表的なものは『皮膚炎』です。いろいろな症状がありますので、気を配っておくようにしましょう。

■歩き方　歩き方がおかしくなった場合には、関節や骨のトラブルが考えられます。まれに肉球の間に物が刺さって歩行がヘンになるイヌもいますが、いずれにしても長く続くようであれば、専門的な検査をいましょう。

■内分泌系　ホルモン系の病気も診られます。異常にハイな状態が続いたり、逆に動かなくなったり、いつもと違う様子が長続きするようであれば、念のため獣医の診断をあおぎましょう。

もしものときの処置の方法

どんなに注意をはらっていても、緊急事態に陥ってしまうことがあります。イヌによく見られる代表的なアクシデントの対処方法を紹介しましょう。

●目に異物が入った

まず、その異物を指で取るか水で洗い流します。その後イヌが痛がるようであれば、冷水で冷やしたガーゼなどを目にあてます。

●のどにボールなどがつまった

この場合には、二人の人間が必要です。まず、一人目の人が、鼻をふさがないように注意をしながら一方の手で口を大きく開けます。そしてもう一人の人が口の中から異物を取り出します。手が入らない場所では、ペンチや料理用のトングなどを使って取り出すようにします。

●交通事故に遭ってしまった

交通量のある場所ならば、一番最初にすることは車の通行を止めることです。激しくぶつかっても、イヌは突然走り出すことがありますので、二重の事故を防ぐことがとても重要です。

その後でイヌを安全な場所に移動し、ケガの具合を調べます。

●感電してしまった

すぐにしなければならないのは、『電源を切る』ことです。手で触ることができない場合にはホウキの柄などを使って切ります。呼吸が停止しているようであれば、人工呼吸とともに心臓マッサージをしなければなりません。

●ヤケドをしてしまった

ヤケドをした周辺の毛をすぐに刈り、冷水をかけるようにします。軽いヤケドであれば患部に抗生物質などを塗って様子をみてください。熱した油をかぶったような重度のヤケドの場合には、すぐに獣医師に見せなければなりません。

液剤・散剤の飲ませ方

病気の種類によっては、動物病院から液状や粉状の薬が処方される場合があります。いずれの薬剤であっても、イヌの体重に合わせて分量が処方されていますので、残さず投与しなければなりません（錠剤の飲ませ方については、73ページで紹介しています）。

■液剤の飲ませ方
シュリンジやスポイトなどに入れて、口の横から流し込むようにして飲ませます。
■散剤の飲ませ方
折り目をつけた紙で飲ませる方法と、好物に混ぜて与える方法があります。

とくに注意したい熱中症

イヌはとにかく暑さに弱い動物です。とくに梅雨時期から夏の間、散歩時間、遊びに行く場所、室内での過ごし方などに注意をしなければいけません。ちょっとくらい大丈夫…なんて思って気温の高い場所にいると、あっという間に熱中症や日射病になってしまうのです。

いつも以上にあえいでいたり、歯茎の色が赤くなっていたら、それはもう熱中症です。すみやかに冷たい水をかけて体温を下げてください。水をかけられない場所であれば、冷やしたタオルや冷えた液体が入ったペット・ボトルを足の付け根にあてるだけでも効果があります。

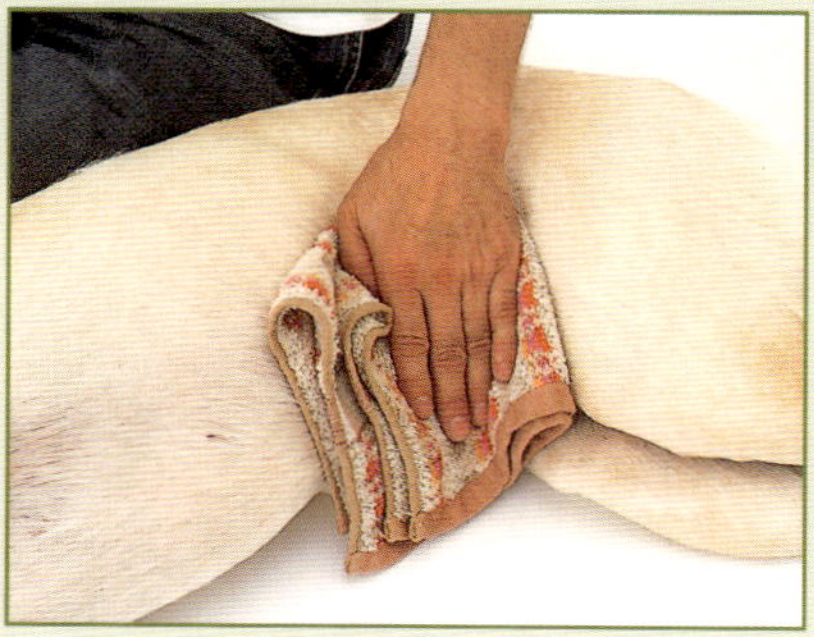

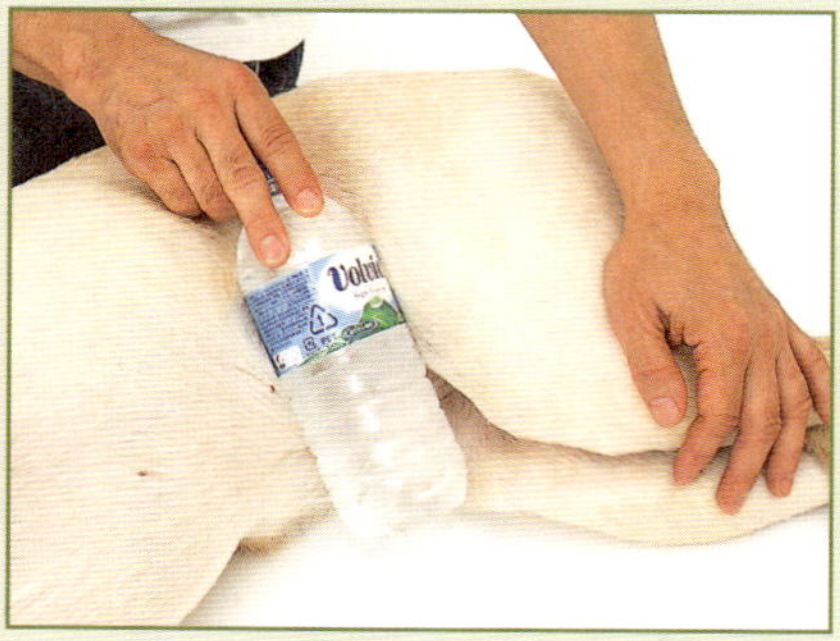

救命措置　人工呼吸と心臓マッサージ

危機的な状況になったら、迷わず救命措置をしなければなりません。救命措置とはどんなものかというと、人間同様、心臓マッサージ（CPR）と人工呼吸になります。この処置のお陰で命が救われたケースも数多くありますので、方法をおぼえておきましょう。

心臓マッサージ（CPR）

イヌを横たえて、親指とその他の指で胸部をはさむようにしてマッサージをします。もう一方の手は背中を支えます。このマッサージを毎分120回のペースで行います。

人工呼吸と心臓マッサージは、CPRを15秒間行い、人工呼吸を10秒間行うようにします。さらに、常に脈拍をチェックして、もし脈拍が戻ったら人工呼吸のみにします。

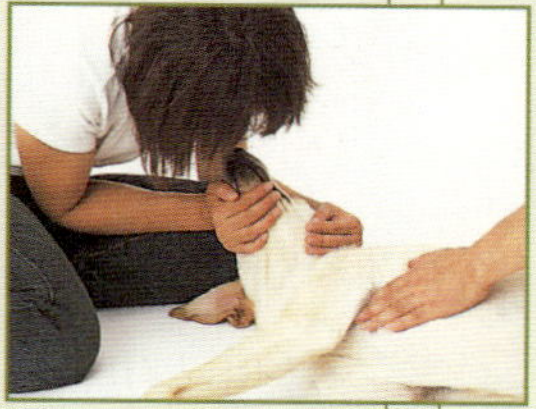

心臓マッサージと人工呼吸を同時に行なっています

人工呼吸

まず『気道の確認』をします。のどを大きく開けて、気管につまっているものがないかを確認します。次にイヌの口をしっかりと閉じて、イヌの鼻に口をあてて、胸部がふくらむまで息を吹き込みます。このとき、手は口をしっかりと押さえて、口から空気が漏れないようにします。肺に空気がいったら、口を持つ手を離します。すると肺は収縮します。この作業を毎分10～20回程度繰り返します。さらに10秒ごとに脈拍をチェックし、心臓が動いているかを確認します。

中毒の応急処置の方法

日常で起こるアクシデントは事故やケガばかりではありません。中毒による事故も考えられます。『中毒』と聞くと、チョコレートや玉ネギなどの食物の中毒ばかりを考えてしまいますが、身の回りにある他の物による中毒もあります。

食べてしまった物によって対処方法が異なるため、まず、何を食べてしまったかを確認することが大切です。そして動物病院で食べた物の内容をしっかりと伝えます。もし、持っていくことのできる物であれば、持っていったほうがより適切な対処をすることができます。とくに中毒では飼い主の報告が治療に大きな影響を及ぼすのです。また、中毒症状が発生してから、どのくらいの時間が経過したのかも重要ですので、イヌの症状も時間軸を追ってメモをしておくようにしましょう。

●玉ネギ中毒

尿がぶどう酒のように赤くなり、心臓の鼓動が早くなります。一般には体重1キロに対して15～20gの玉ネギで中毒症状が出るといわれていますが、症状が出ないイヌもいます。

●チョコレート中毒

症状が重くなると、震えやケイレンが起こり、6～24時間で死亡してしまうケースもあります。ただし、中毒を起こすほど大量に食べることはあまりありません。

●植物中毒

野山に自生する植物にも、食べると中毒症状を起こすものがあります。なかには死に至る中毒もありますが、イヌには植物に対する嗜好性はあまりないので、大事故になるケースはまれです。

●酸、アルカリ、石油化学製品など

吐かせてはいけません。オキシドールなどの吐剤を用いてもいけません。そのままの状態で動物病院へ。

口輪と副え木

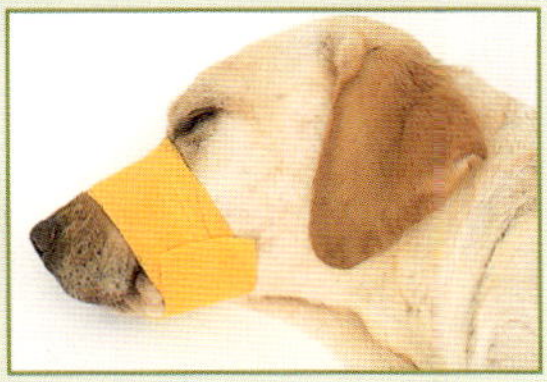

出先でアクシデントに遭ってしまった場合には、現場にあるものを代用して、緊急処置をしましょう。たとえば、口輪はネクタイや包帯など、長い紐状のもので代用することが出来ます。また、骨折の際の副え木は木である必要はなく、新聞紙や雑誌を丸めたものでいいでしょう。

誤嚥にも注意

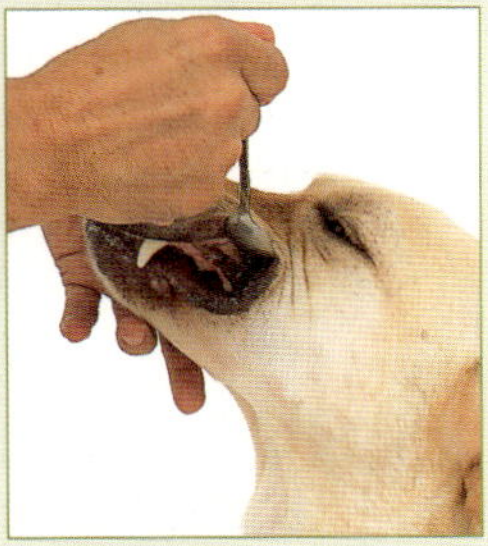

何か異物を飲み込んだ場合、消毒用オキシドールや過酸化水素水を写真のようにスプーンやシリンジ（注射器の針がないもの）を使って喉に流し込んでください。ただし、この方法はイヌの意識がある場合のみ行います。

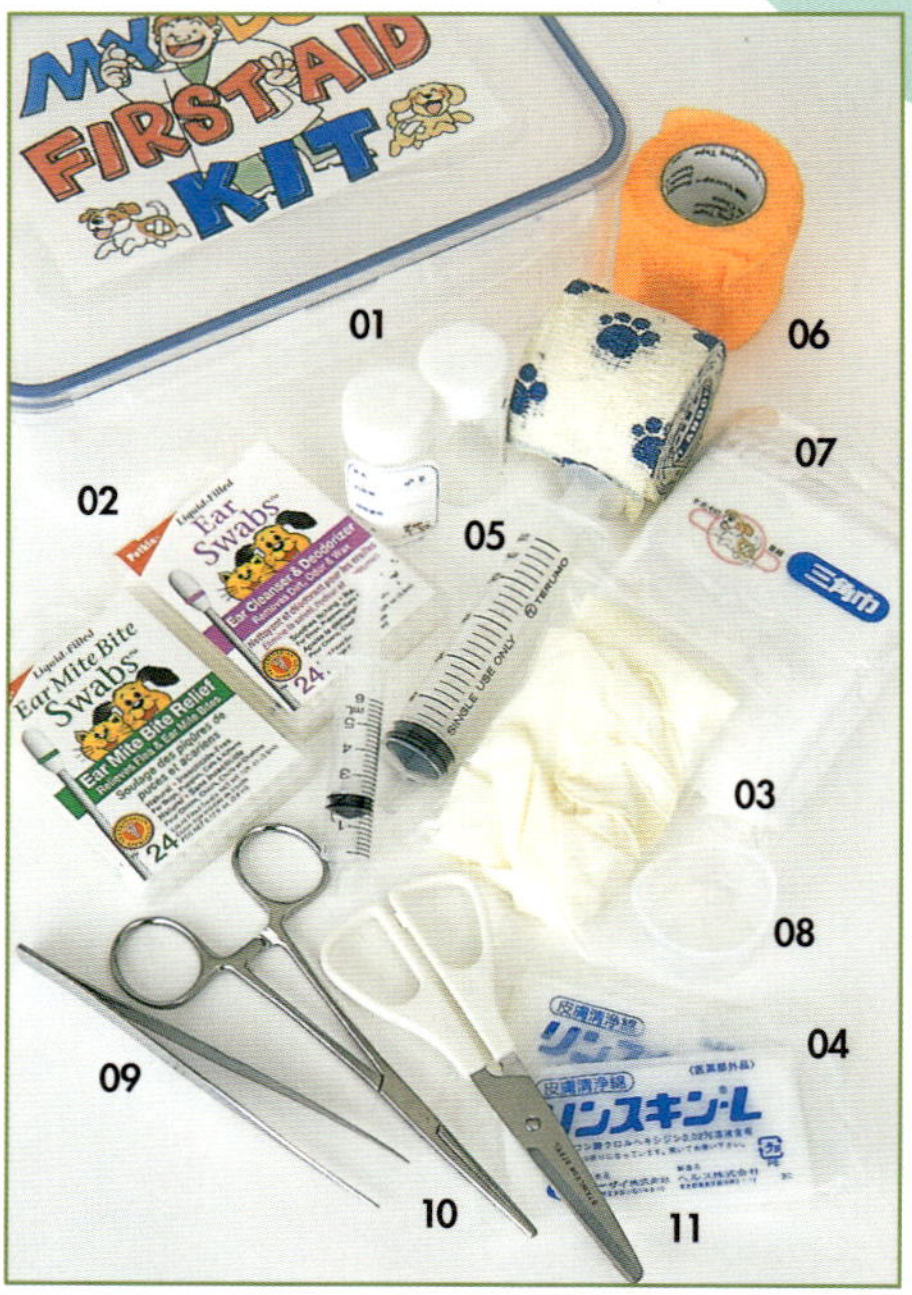

救急箱を用意しよう

イヌのケガやアクシデントは突然やってくるもの。そんな緊急事態のために、愛犬用の救急箱を用意しておくと、とても役に立ちます。常用している薬があれば、予備のものを救急箱にも必ず入れておきましょう。

救急箱の中身

※この他にも体温計やピンセット、携帯ティッシュなども入れておくとさらに安心です！

01 保存ビン
嘔吐物・便などの保存に使うビン。わかりやすいよう透明のものを選ぶようにしましょう。

02 消毒液付き綿棒
こちらは消毒液がついている綿棒ですが、通常の綿棒でもＯＫです。小さな傷口の手当てに使います。

03 ゴム手袋
吐いた物や汚物を拾うときなど、意外に重宝するのがゴム手袋。

04 皮膚洗浄綿
水がない場所で、切り傷などを洗浄したいときに便利。

05 シリンジ
注射器の針がない状態のものです。液薬を飲ませるときや、吐かせるときに役立ちます。大小揃えておくと便利です。

06 ペット用包帯
動物病院で使用しているペット用の包帯がいいでしょう。包帯同士を重ねることによってくっつくため、ほつれにくく、毛の長いイヌでも簡単に包帯ができます。テーピング代わりにもどうぞ。

07 三角巾
サイズが大きいので、ガーゼにも、カットして口輪や、止血帯などにも、使い回すことができます。

08 テープ
医療用のテープ。ガーゼなどを貼るときや固定したいときに使います。

09 ピンセット
消毒液がついた布やガーゼを取り替えるときに使います。

10 鉗子
耳の手当てに使います。脱脂綿を巻いて使用してください。

11 ハサミ
包帯をきるときやガーゼをカットするときに便利です。

身体検査チェックリスト

普段の愛犬の健康状態をチェックして、表に書き込んでおきましょう。
動物病院に連れて行った際にも役立ちます。

身体検査チェックリストと記録	
誕生日	年　　月　　日
性別	♂　♀
避妊・去勢手術	有　無
飼育環境	室内　室外
最新のワクチン歴	

歩き方や姿勢	
鼻	
眼	
耳	
口の中	
呼吸	
体温	
心拍数	
全体の皮膚	
脱水の評価	
胸部と腹部	
肛門やペニス、陰部の周囲	
足先（前後）	

身体検査チェックリストと記録	
体重	
安静時の心拍数	回／分
安静時の呼吸数	回／分
直腸体温	
粘膜の色	
現在の病気	
受けている治療（通院回数や薬の名前など）	
その検査値	

うんちに異常がある

START

どんなうんちですか？ 下痢ですか？
- YES → 元気はありますか？
- NO → 嘔吐はしていますか？

嘔吐はしていますか？
- YES → **ほかに、食欲がない、腹部膨満などが見られるときは、腸閉塞の疑いがあります。病院へ行ってください。**
- NO → ただの便秘かもしれません。運動不足やストレスが考えられます。

元気はありますか？
- YES → 1〜2食絶食をして様子を見ましょう。食べ過ぎているだけかもしれません。
- NO → 繰り返し水のようなうんちが出たり、力んでいるのに、うんちが出てこないことはないですか？

繰り返し水のようなうんちが出たり、力んでいるのに、うんちが出てこないことはないですか？
- YES → **寄生虫やコロナウィルス性腸炎、食中毒、大腸炎の疑いがあります。病院で診察を受けましょう。**
- NO → 出血があったり、悪臭のあるうんちを出しますか？

出血があったり、悪臭のあるうんちを出しますか？
- YES → **もしかしたら、パルボウイルス感染症かもしれません。至急、病院へ行ってください。**
- NO → 灰白から黄灰白の下痢ですか？ または色が緑ですか？

灰白から黄灰白の下痢ですか？ または色が緑ですか？
- YES → **もしかしたら、パルボウイルス感染症かもしれません。至急、病院へ行ってください。**
- NO → 少量でも出血や粘液が混じっていますか？

少量でも出血や粘液が混じっていますか？
- YES → **大腸炎が疑われます。至急、病院へ行ってください。**
- NO → うんちの色は黒またはタール状ですか？

うんちの色は黒またはタール状ですか？
- YES → **急性胃腸炎、寄生虫、胃潰瘍などの疑いがあります。至急、病院へ行ってください。**
- NO → **臭いの強い粘度色のうんちでは急性肝炎が疑われます。病院で検査を受けましょう。**

吐く

START

何度も繰り返し吐いていましたか？
- YES → ごはんを食べたあと、吐きますか？
  - YES → 食道に異常があるかもしれません。病院で診察を受けましょう。
  - NO → 下痢や血便もしていますか？
    - YES → パルボウイルス感染症やコロナウイルス性腸炎などの疑いがあります。至急、病院へ行ってください。
    - NO → 陰部から膿やおりものが出ていたり、腹部膨満が見られますか？
      - YES → メスの場合、子宮蓄膿症の可能性があります。腹部膨満は、至急、病院へ行ってください。
      - NO → 嘔吐物が黄色っぽかったり、食べたものがそのまま混じっているときは、急性の胃腸炎や胃内異物が疑われます。病院で診察を受けましょう。
- NO → 吐くそぶりを見せるのに、吐けない様子ですか？
  - YES → 著しく腹部膨満が見られるときは、胃捻転の可能性があります。大至急、病院へ行ってください。
  - NO → よだれが大量に出たり、けいれんを起こしたりしますか？
    - YES → （殺虫剤など）有毒物による中毒の可能性があります。応急処置をして、すぐに病院へ行きましょう。
    - NO → 食欲はありますか？ 熱はないですか？
      - YES → しばらく様子を見ましょう。
      - NO → 食欲がない、元気がないなどの症状があるときは、感染症や炎症性の病気の可能性があります。病院で検査をしましょう。

伝染性の病気を予防するには

予防注射をきちんとしなければならない理由。

楽しい生活を送るために必要なものは、おいしいおやつや、カッコイイ車や、ブランドの洋服ではありません。何よりもまず、健康な体です。

イヌにもいろいろな病気があります。病気の種類によっては、しっかりと予防さえしていればなんの心配もないものもあれば、どうしても予防ができない病気もあります。ただこうした病気でも早期発見に努めれば、ひどい状態になる事態を避けることもできますし、完治させることも可能になるのです。そのためには、まず、飼い主に病気の知識がなければなりません。

そこで、ここから病気のいくつかを紹介していきますが、わかりやすいように3つのカテゴリーに分けてみました。

1 伝染性の病気　主に予防注射で感染を予防する病気です。

2 気になる病気　一般的にどんな犬種でも見られる病気ですが、ラブの場合も日頃から気をつけておきたい病気です。

3 特異的な病気　多くの犬種で見られる病気のなかから、ラブだからこそとくに注意をしなければならないものを取り上げてみました。

狂犬病

狂犬病ウィルスの感染によって起こる病気で、人にも感染します。発症するとほぼ１００％の確率で死に至るため、世界各国でまん延を防ぐ取り組みが模索されています。日本では１９５７年以来、イヌでの発症の報告はありませんが、小動物や海外から帰国した人での発症例があり、現在でも予防注射による感染予防の活動が行われています。

ジステンパー

感染してしまうといろいろなかたちで症状が表れます。発熱、目やに、鼻汁といった症状が出ますので、最初は風邪と勘違いをする人もたくさんいるようです。進行すると神経がおかされてしまい、死亡するケースもあります。

犬伝染性肝炎

感染したイヌの尿、便、食器などを介して感染します。軽い症状から重篤な症状まであって、一般的には約1週間の潜伏期間のあとで、高熱を発症します。

パルボウィルス感染症

子犬の頃に感染すると非常に致死率が高くなります。感染力も強いので、この病気の名前は飼い主なら1度は聞いたことがあるでしょう。症状は胃の粘膜がただれる消化器型と、急性心不全となる心筋炎型とがありますが、日本ではほとんど消化器型のタイプが発症しています。突然激しい嘔吐があり、下痢を繰り返して脱水症状を呈します。

レプトスピラ症

感染すると腎炎が起こり、尿毒症になります。さらに進行すると、嘔吐、下痢、血便などの症状が見られるようになります。

パラインフルエンザ・ウィルス（ケンネルコーフ）

気温の変化が激しい季節に発症が見られる病気で、アデノ・ウィルスなどのウィルスが気管に感染し、そこに細菌が二次的に合併感染をして、激しい咳が出ます。症状としてはただ咳だけをする場合と、食欲不振、元気消失となってしまう重篤なケースとがあり、これに合併症が加わって死亡するケースもあります。

フィラリア症

蚊の媒介によって発症する病気です。フィラリアが寄生したイヌから蚊が血を吸って、感染していきます。この寄生によって心臓に負担がかかり、心臓肥大や肝硬変などの症状がイヌに表れるようになります。初期の症状は軽い咳程度のものですが、次第に運動をイヤがるようになり、どんどん痩せていきます。

種類	狂犬病予防接種	混合ワクチン	フィラリア症
特徴	狂犬病予防薬の接種です。法律で飼い主に義務づけられているものです。	主に5種と7種のワクチンがあります。どの感染症に効力があるのかは、獣医師に聞くと教えてもらえます。	体内に寄生しているミクロフィラリアを殺す内服薬です。ただし、すでに心臓に寄生しているフィラリアの駆除はできません。
時期	生後3カ月後に第1回目の接種をして、その後は毎年4月頃に定期的に接種をします。地元の行政に畜犬登録をすると毎年、どこで接種を行うかの連絡が届きます。	生後2カ月頃に1回目、3ヵ月頃に2回目の接種をし、その後は年に1回ずつ接種をします。ペンションやドッグランなど、この接種証明書がないと断られることがあります。	関西以北（地域によってスタートが異なります）ですと、大体4月にフィラリアの検査をしたあとで、毎月1回ずつ内服薬を秋頃まで服用していきます。
料金	初回は登録費用を含めて6,000～7,000円。2回目以降は3,000～4,000円程度です。	5種は5,000～7,000円、7種は8,000～9,000円前後ですが、事前に身体検査をする病院、初診料が必要な病院もあります。	1回分の内服薬は1,000～5,000円程度です。フィラリアの薬はイヌの体重によって分量が決まりますので、料金に幅があります。

気になる病気を知っておこう

正しい知識をもとに、とにかく病気を早く発見すること。

ラブに診られる異常

イヌの病気には、前のページに記した、伝染性の病気と、その犬種によく診られる病気があります。このイラストでは、とくにラブにおいて、注意をしておきたいボディの各部所を紹介しています。もちろんこの他にも内臓疾患のような病気はありますが、日常的にこれらの病気について、注意をしてください。

筋ジストロフィー
ガン
肥満
A形血友病
離断性骨軟骨症
甲状腺機能低下症

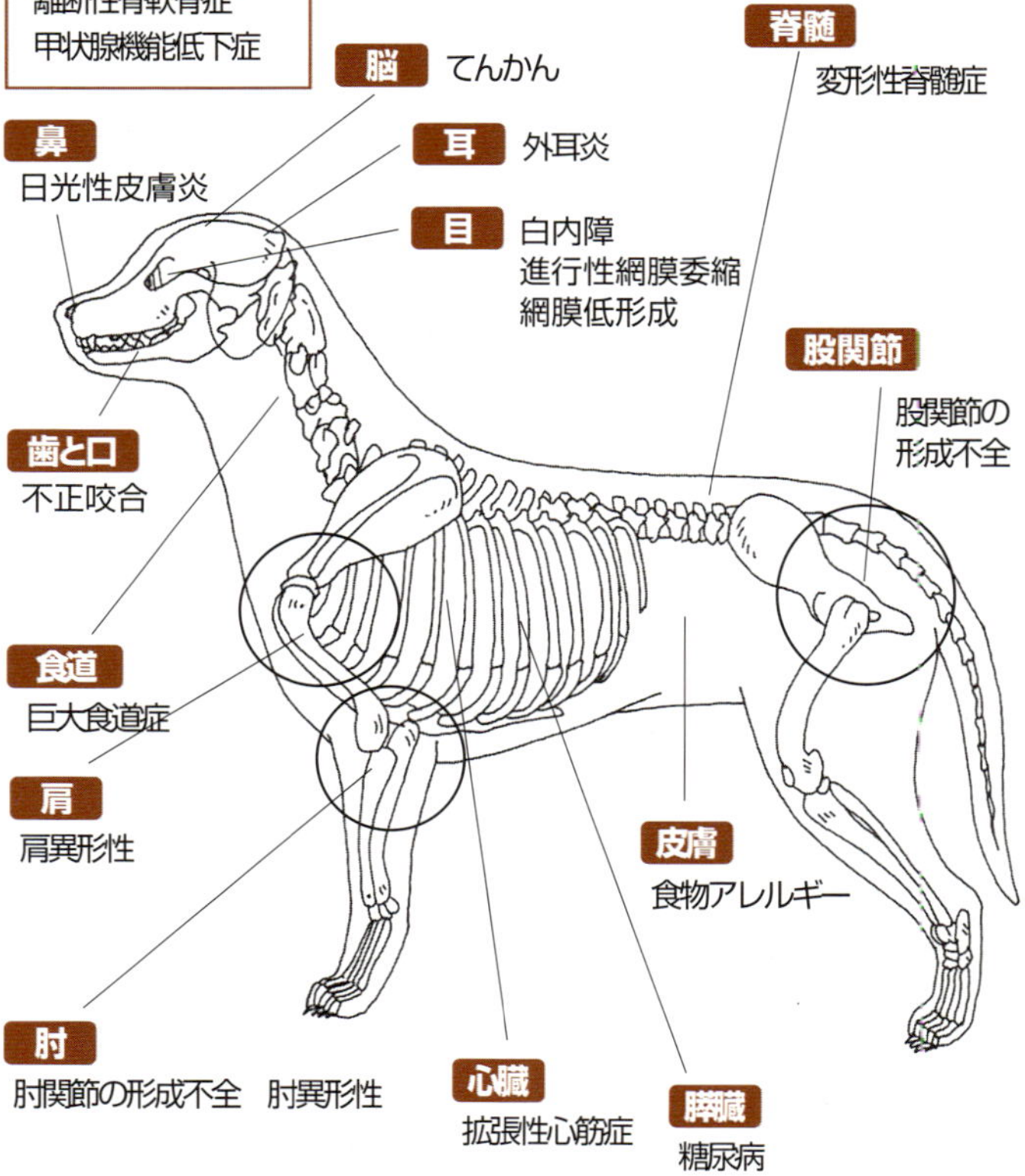

耳の病気

■外耳炎

〈病気と原因〉ラブに限らず、多くの犬種に見られるのがこの外耳炎です。ラブでとくに問題が多いのは、アウトドアにいる時間が長いことと、耳が垂れている犬であることから、病気の発見がしずらいところにあります。外耳炎は耳の外耳道に異物が入り、炎症が起きてしまうのが、その原因です。異物には虫だったり、植物の種子だったり、さまざまな物が挙げられます。また、シャンプーをした際に、シャンプー剤や水が大量に入ったときなど、多くはイヌが首を振ることによって除去できるのですが、除去しきれなかった場合には、やはり外耳道炎の原因になります。

〈症状の見分け方〉異物が外耳道に入ってくると、イヌは違和感を感じますので、前足や後ろ足でさかんに耳を掻くようになります。さらにひっきりなしに首を振ったり、違和感のある方の耳を下に向けたり、床や地面にこすりつけるようになります。ただしラブは、この仕草を飼い主に見せないように、陰でこっそりとするイヌもいます。こんな場合でも飼い主が耳を触ると、イヌは痛がる素振りを見せますので、いつも耳をタッチしてあげることで発見することができます。

〈治療方法〉軽いケースでは、中に入り込んだ異物を取り除くことによって解決しますが、痛い場合には簡単に耳に触らせませんので、鎮静剤を投与して耳の中を掃除します。虫や植物の場合では動物病院では吸引機で吸いだす場合もあります。

〈予防方法〉予防としては、常に耳の中を清潔にしておくこと。1カ月に1回は耳の中の掃除をしておきましょう。アウトドアで虫や植物が入らないように予防するのはなかなか難しいのですが、種子などが飛び交う季節には、無闇に野原に入らないようにします。

正常な歯列が大切

人間と同様、イヌでも健康な体には健康な歯が不可欠です。そのためには、日常的な手入れは欠かせませんが、それ以前に問題を持った歯の場合には、普通以上の手入れとチェックが必要です。欠歯や過剰歯といったイヌたちが最近多く見られるようになりましたが、状況によっては手術によって抜歯をするケースもあります。いずれの場合も深刻なケースでは、獣医師に相談をすることをおすすめします。

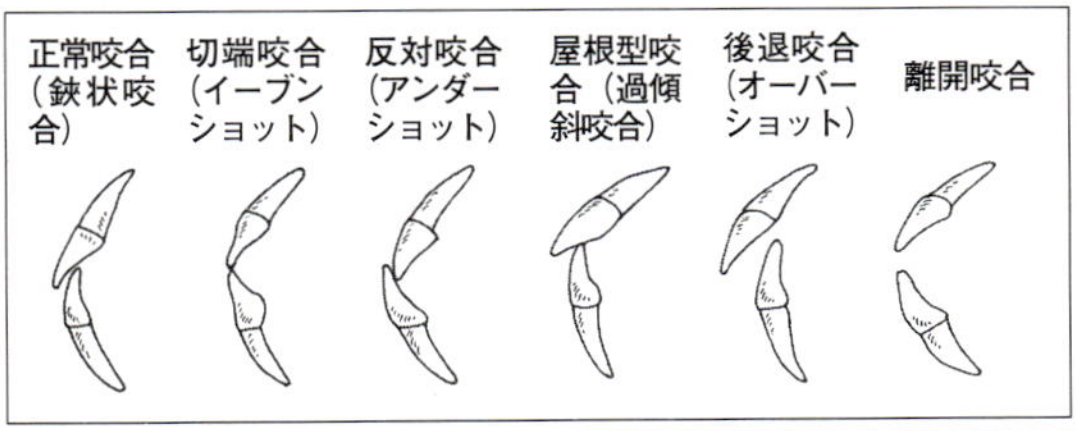

股関節形成不全と骨の病気

早期発見で、愛犬の健康な骨を守りましょう。

ラブといえば真っ先に頭に浮かぶ病気が『股関節形成不全』。専門機関の調査によれば国内のラブの50％がこの病気にかかっているという結果が出ました。あなたの愛犬が大丈夫なのか、まず、病気の知識を身に付けましょう。

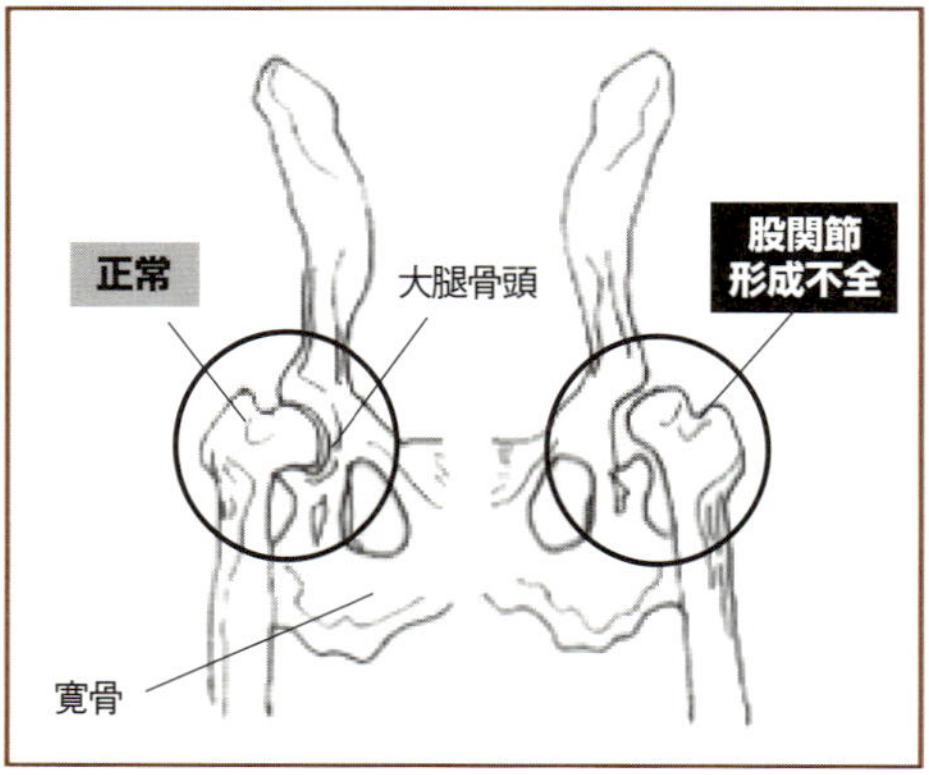

股関節形成不全

股関節が変形したり、ずれてしまう病気で、原因の多くが遺伝性のものとされています。主な症状は右にある写真に書かれていますので参考にしてください。症状が悪化すると、股関節の部分を人工的な物に入れ替える、という外科手術が必要となりますので、成長の早い段階で発見して、適切な体重管理と運動管理を行うことによって、病気を改善します。

股関節形成不全で診られる症状

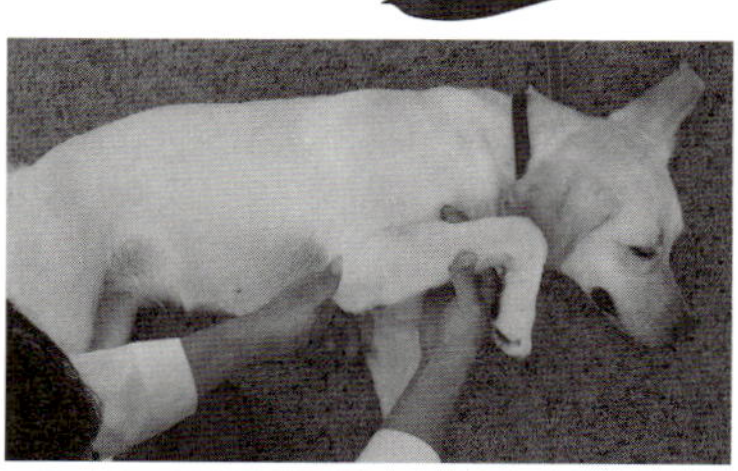

犬を寝かせてみて、前脚や後ろ足がきちんと曲げ伸ばしができるかチェックしてみます。

離断性骨軟骨症

関節内の軟骨の部分の骨化が正常に進行しないために起こる病気で、ラブに多くみられます。症状は跛行からはじまります。スポーツ後などに悪化しますが、飼い主は愛犬の動きが悪くなることで病気を発見することが多いようです。

軽度から中程度までの例が多く、まったく地面に足をつけられないぐらいの重症になるケースはまれです。多くは前肢の片側に症状が出ますが、両方の前肢で起こった場合には、前肢の歩幅が小さくなって硬直したような歩き方になります。

内科的な治療で跛行は軽減されますので、その後は筋肉を強化して徐々に運動をはじめるようにします。

原因は不明で、栄養過剰、ホルモンの異常などが挙げられていますが、遺伝的な要因もあるとされています。

その他の骨の病気

ラブに多いその他の骨の病気には『汎骨炎（はんこつえん）』と『骨肉腫（こつにくしゅ）』があります。

『汎骨炎』は生後6～18ヵ月の間に、突然発症します。痛みを伴い跛行しますが、約1カ月で自然に治ってしまう原因不明の病気です。また、汎骨炎は片足がかかった後に、別の方の足も発症することがありますので、病後も気が許せない病気です。

『骨肉腫』は、7～8歳以降で起こりやすい足のガンです。足が腫れ、痛みを伴います。この病気は早期発見がもっとも重要です。

日本動物遺伝病ネットワークとは？

遺伝病は繁殖を行う人の努力で少なくすることが可能な病気です。ラブの2頭に1頭が股関節形成不全というのは誇れる繁殖の仕方とはいえません。これはブリーダーに限らず、一般の愛犬家の皆さんにも十分考慮していただきたい問題かもしれません。NPO法人「日本動物遺伝病ネットワーク」（JAHD）は、犬の遺伝病を防ぐ活動をしており、犬の遺伝性疾患に関する血統をデータベースに登録し、公開することを目的としています。同NPO法人のシステムや遺伝性疾患に関する資料、一般会員募集などの情報はインターネットでご覧ください。

http://www.jahd.org

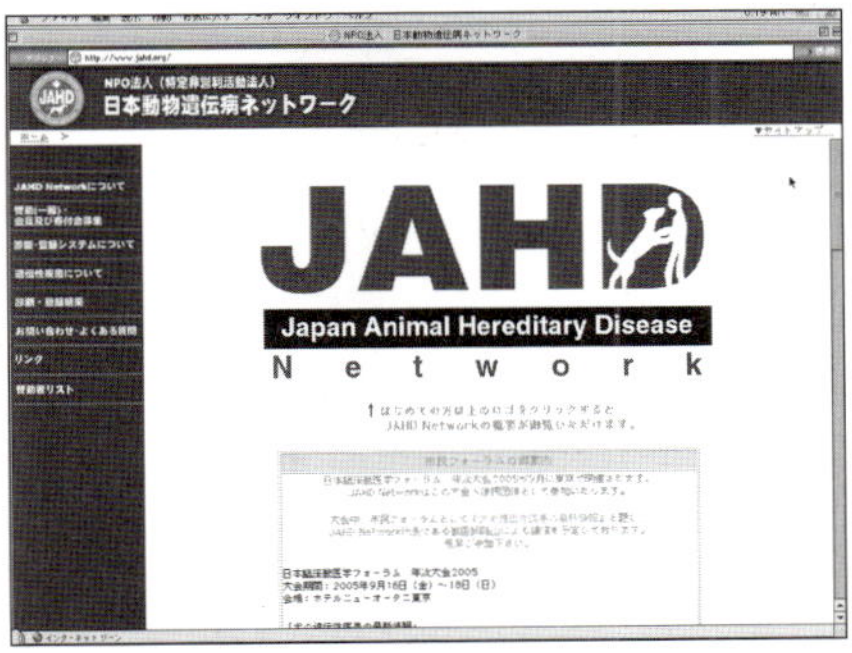

問題行動？もしかして、病気が原因かも

目。ホルモン系……注意したい病気が他にもあります。

他にも注意をしたい病気はありますが、ここでは『問題行動』の原因となる病気のいくつかを紹介します。普段はいいコなのに、突然、かみつくようになった、寝てばっかりいるなど、気になる行動をとる場合には、病気を疑ってみる必要もあります。

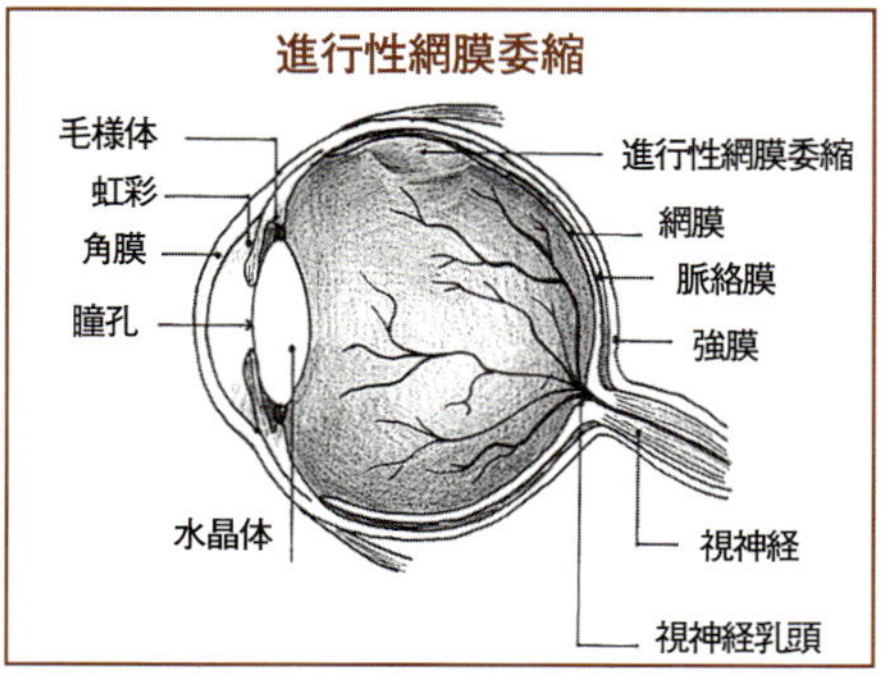

網膜が薄くなって、光に対する瞳孔の反応が遅くなる。夜盲症から徐々に進行し、失明に至る。

進行性網膜委縮症（ＰＲＡ）

一般的にＰＲＡと呼ばれることが多いのですが、日本語では『進行性網膜委縮』というのが病名です。症状としては、目の網膜が変性して委縮し、どんどん視力が低下していきます。そして最後には失明に至ります。瞳孔が散大したり白内障の症状がみられることもあります。同様の病気に『中心性進行性網膜委縮（ＣＰＲＡ）』という病気があります。これはコリーなどワーキング・ドッグたちに見られる遺伝病ですが、やはり失明します。ＣＰＲＡの場合は優性遺伝で遺伝していきます（優性遺伝は１００％遺伝していく遺伝法則です）。

ＰＲＡを引き起こす遺伝子はｐｒｃｄといわれるタイプで、網膜細胞が正常に働くための細胞なのですが、その昔、ｐｒｃｄが突然変異をした遺伝子を持った子犬が1頭生まれ、約30種類ものイヌにこの遺伝子が引き継がれていったといわれています。しかし遺伝の法則が『劣性遺伝』と解明されていますので、この病気を持つイヌたちを繁殖に使わないことで、病気の撲滅をすることが可能です。

劣性遺伝の法則は病気にかかっているが発症してないイヌ（キャリア）、発症してしまっているイヌ（アフェクテッド）、病気にかかっていないイヌ（クリア）のイヌがその血統のどこにいるかによって推測することができます。もっとも重要なのはキャリアのイヌたちです。キャリアは病気の因子は持っていますが、発症していないので、ほとんどの飼い主は気がつきません。

ただしキャリアのイヌ同士が交配をすれば、必ずアフェクテッドのイヌが生まれますし、クリアのイヌと交配をしても、再びキャリアのイヌが生まれる可能性があります。自分のイヌがキャリアであるか否かの検査をしておくことはとても重要です。

甲状腺機能低下症

副腎皮質ホルモンが不足するとかかる病気で、ラブをはじめとしてリトリーバーたちに多くみられる病気です。初期の症状としては、元気がなくなって無関心になります。食欲もなくなり、下痢や嘔吐をするようになります。とくにストレスを受けた後に発病するケースが多く、旅行から帰ったあとに、急にぐったりとしてしまった、という場合、発症が考えられます。逆に副腎皮質ホルモンが過剰に分泌されることによる『副腎皮質機能亢進症（クッシング症候群）』という病気もあります。副腎皮質ホルモンは行動ばかりでなく、皮膚（痒み、脱毛など）や生殖などにも影響を与えますし、症状が他の病気と区別がつかないという、なかなかややこしい病気でもあります。

てんかん

急に四肢が硬直して足を突っ張り、倒れたりけいれんを起こしたりするのがてんかんの症状です。この発作が収まるとまた普通の状態に戻ります。けいれんに対しててんかんとは脳の異常によって引き起こされるのですが、てんかんの症状とけいれんを見分けるのは難しいようです。てんかんの発作は大脳にあるニューロンの変化によって起こりますが、それが腫瘍や脳の変形などで起こっている場合と、ストレスや環境などがニューロンに異常を起こしている場合があります。また、原因不明の『特発性てんかん』もあります。リトリーバーでは特発性てんかんもみられますが、この場合は何らかの遺伝ではないかとされています。

劣性遺伝って何？

チェコの牧師、メンデルが庭にあるエンドウ豆で遺伝の法則を発見したのはあまりにも有名な話し。

黄色のエンドウと緑のエンドウの子どもが黄色だった場合、第一代目に出る形質が優性ですので、黄色が優性遺伝子になります。つまり黄色のAが優性、緑のaが劣性遺伝子になります。このAaの黄色が同じ遺伝子の黄色と交配すると2代目には、aaの緑が再び誕生します。aを病気の遺伝子と考えると、子どもの代では病気のイヌは誕生しませんが、孫の代では3対1の割合で病気のイヌが生まれてしまうことになります。

しかしこれが近年になって、なぜそんなに問題になるのかといえば、非常に狭い範囲で繁殖が行われるようになったからです。元々、病気のイヌはさほど多いわけではないのですが、自然淘汰のスピードに追いつかない速さで繁殖が行われた場合にはどんどんと病気が広がっていってしまうわけです。

血統書とは、ウチのコの戸籍です

健康なラブたちのために、血統書は発行されています

血統書には、どんな意味があるのでしょうか

血統書、ジャパン ケネル クラブでは『血統証明書』と言いますが、この証明書は純血種のイヌであることを証明するものです。でもなぜ証明する必要があるのでしょうか。

ほとんどの純血種たちは、スタンダード（犬種標準）に基づいて、人間が作り出したイヌたちです。つまり作り出すための系統が重要な意味を持っています。そのために先祖にさかのぼって、どんなイヌたちの子どもであるかを証明する必要があるわけです。また、ブリーダー（犬舎）によって、それぞれのイヌの特徴もあります。そういった特質についても血統書から確認することができますし、最近は遺伝性疾患の発症をくいとめるためにも、この血統書が大きな役割を果たすようになっています。

記載されている内容からウチのコの戸籍がわかります

では、血統書には一体どんな内容が記されているのでしょうか。左ページにある血統書を見ながら、紹介していきます。

1 イヌの名前　犬名十犬舎名となっています。犬舎名とは繁殖者（ブリーダー）が繁殖する際に使っている名前、いわば屋号です。最後の『FCI』は国際畜犬連のことで、この犬舎が国際的な登録がされていることを示しています。

2 JKCでの登録番号　アルファベット（犬種記号）＋5桁の番号＋年号の順番で表記されています。LRがラブのことで、2001年の26,274頭目のラブということです。

3 所有者・譲受年月日　このイヌを譲り受けた所有者とその日付（名義変更届の『所有した日』に新所有者が記入した日付）。名義変更がされていない場合には、前の持ち主（繁殖者）の名前になっています。

4 登録日　このイヌがJKCに登録された日

5 出産頭数　一緒に生まれた兄妹の数

6 登録頭数　5のイヌのうち、血統証明の発行申請があった頭数

7 一胎子登録番号　このイヌを含めた兄妹イヌの登録番号

8 DATE ISSUED　血統書の発行日

9 CD1　家庭犬訓練試験CD1を取得しています。アジリティや災害救助犬などJKCが発行している資格を取得している場合には、このように登録番号の後ろに記載されます。

10 CH（AH）　CHとはチャンピオンの略号で、その後に並んでいるアルファベットは各国の略号です。AMはアメリカのことで、つまりこのイヌはアメリカのドッグ・ショーのチャンピオンに輝いていることになります。

11　この犬はアメリカからやってきた犬で、日本で血統書が書き換えられています。

上段はJKCの登録番号、下段（AKCで始まる番号）は、アメリカでの登録番号です。この番号の末尾の『OFA24F』という番号は、股関節形成不全の診断結果番号です。OFAとは検査した団体の記号で、24は検査した月齢（生後24カ月で検査をしています）、Fはその評価をあらわしています。Fは上から3番目の評価『Fair』になります。ブリーダー間で解釈は異りますが、OFAではこのFまで、繁殖を認めています。ちなみにもっともよい評価は『Excellent』のE、次は『Good』のGとなります。F以下の犬は血統書には登場しないはずです。

A お父さん　**B** 父方のおじいさん
C 父方のおばあさん　**D** お母さん
E 母方のおじいさん
F 母方のおばあさん

以上が血統書に明記されている主な内容です。この血統書は3代祖の血統書で、JKCではこの他にも申請をすると5代祖の血統証明書が発行されます。

ジャパン ケネル クラブの血統証明書

CERTIFIED PEDIGREE

INTERNATIONALLY OFFICIAL
国際公認血統証明書

Name of Dog 犬名 ｺﾞｰﾙﾄﾞ ﾏﾃｨｰﾆ ｵﾌﾞ ｲｰｽﾄ ｺﾞｰﾙﾄﾞ ｼﾞｪｲﾋﾟｰ
GOLD MARTINI OF EAST GOLD JP ①

Breed 犬種 ﾗﾌﾞﾗﾄﾞｰﾙ･ﾚﾄﾘｰﾊﾞｰ
LABRADOR RETRIEVER ②
Registration No. 登録番号 LR -26274/01

Sex 性別 FEMALE ﾒｽ
Color 毛色 BLACK ②
Breeder 繁殖者 MASAMI KATO
KOGANEISHI
Owner 所有者 ③
Date of Transfer 譲受年月日

Date of Registration 登録日 2002年 1月 9日 ④
Date of Birth 生年月日 2001年10月28日
Number of puppies born 出産頭数 Male 牡 4 Female 牝 4 ⑤
Number of puppies registered 登録頭数 Male 牡 4 Female 牝 4 ⑥
Reg. No. of the litter 一胎子登録番号 26269-26276/01

A 1 SIRE 父
CH(AM)
CEASARSCREEK SIR LANCE A LOT
LR -12913/99-0
AKC-SN024413/04 OFA24F ⑪
1992年10月28日生 CHLT

B 3 G.SIRE 祖父 ⑩
CH(AM)
SCARTHO FROST (UKG)
SM979983/01 11-92 OFA30G
BLK

⑦ 7 G.G.SIRE 曾祖父
SIMANDEM KINGS NEPTUNE
KCSB 2857BY

8 G.G.DAM 曾祖母
SCARTHO BRIAR CREST
KCSB 0251BW

C 4 G.DAM 祖母
HENNINGS MILL'S TIFFANY
SM811855/02 3-93 OFA34G
YLW

9 G.G.SIRE 曾祖父
HENNINGS MILLS CROWN COMIC
SF681544 8-90 OFA24F
BLK

10 G.G.DAM 曾祖母
CH(AM)
HENNINGS MILL'S CZARINA
SE352345 12-88 OFA28G
YLW

D 2 DAM 母
CARROT OF HARIMA FUJI FCI
LR -06849/97
1997年 2月18日生 BLK

E 5 G.SIRE 祖父
JAYNCOURT STAR REMINDER
LR -12026/95-0 CD1
KC-V4132807V03 ⑨
BLK

11 G.G.SIRE 曾祖父
LABRALEE ACE TO JAYNCOURT
T3719407T03

12 G.G.DAM 曾祖母
JAYNCOURT APPEALING STAR
R2394707R02

F 6 G.DAM 祖母
CHRISTINE OF HARIMA FUJI FCI
LR -02213/93
BLK

13 G.G.SIRE 曾祖父
MARMALADE SKY'S COCO PALM FCI
LR -01002/88
BLK

14 G.G.DAM 曾祖母
CADDIE OF HARIMA FUJI FCI
LR -01324/89
YLW

DATE ISSUED 2002. 1. 9 ⑧

The Seal of the Japan Kennel Club affixed hereto certifies that the above is a true extract from the official Stud Book records.
ジャパン ケネル クラブの証印を以って、正式な血統登録台帳に記載された事項と相違ない事を証明する。

JAPAN KENNEL CLUB, INC.
社団法人 ジャパン ケネル クラブ
Member of the Fédération Cynologique Internationale (FCI) and the Asia Kennel Union (AKU)
国際畜犬連盟 アジア畜犬連盟 加盟

楽しいラブラドール・リトリーバー　ライフ
NDC 645.6

2005年10月29日　発行

著　者　愛犬の友編集部
発行者　小　川　雄　一
発行所　株式会社誠文堂新光社

〒113-0033 東京都文京区本郷3-3-11
（編集）電話03-5800-5763
（販売）電話03-5800-5780
http://www.seibundo-net.co.jp/

印　刷　図書印刷（株）
製　本　図書印刷（株）

ISBN4-416-70560-3